Sussman · Kompostieren leicht gemacht

Vic Sussman

KOMPOSTIEREN leicht gemacht

ORAC______PIETSCH

Einbandgestaltung: Siegfried Horn

Die englische Originalausgabe ist dort erschienen
unter dem Titel
„EASY COMPOSTING"

Die Übersetzung ins Deutsche besorgte:
Hermann Leifeld

Buchillustrationen: Jean Seibert

ISBN 3-87943-965-6

1. Auflage 1983

Satz und Druck: Schwabenverlag, 7302 Ostfildern
Bindung: Verlagsbuchbinderei Karl Dieringer, 7000 Stuttgart
Printed in Germany

Inhalt

Einleitung

Kompost ist die Grundlage für die organische Art des Gärtnerns. Die Herstellung von Kompost ist die ganz besondere Art und Weise des organisch arbeitenden Gärtners, pflanzliche und tierische Abfälle wiederaufzubereiten, die sonst in Erdaufschüttungen und Verbrennungsanlagen enden würden. Kompost verwandelt sich wieder in die organischen Bodensubstanzen und Nährstoffe, die unsere Gartenpflanzen brauchen, wenn sie wachsen. Die Verfahren, in denen er hergestellt wird, ahmen den in der Natur herrschenden Kreislauf von Leben, Tod und Erneuerung nach. Das einzige, was der Gärtner und Komposthersteller dabei tut, ist, den natürlichen Vorgang zu beschleunigen, mit dem organisches Material in die Erde zurückgeführt wird.

Die Kompostherstellung ist nicht schwierig, und sie ist mit das Wertvollste, was ein Gärtner tun kann. Dieses Buch zeigt das Wie und Warum.

Was ist Kompost?

Worin besteht das Geheimnis eines erfolgreichen Gartens, eines Gartens, der überquillt von verschiedenartigen Blumen in leuchtenden Farben, duftet von Kräutern, die Menge an lebensspendenden Gemüsen und Früchten nicht fassen kann?
Wodurch zeigt sich in einem gesunden und produktiven Boden – dunkel, fruchtbar und bröcklig – pulsierendes Leben?
Wie können Gärtner in völliger Harmonie mit der Natur arbeiten, ihre Umwelt nähren und schützen und doch ihre Geschenke ernten?
Organisch arbeitende Gärtner antworten auf diese Fragen mit einem einzigen Wort: *Humus*. Gehen Sie in einen beliebigen Wald, und Sie finden Humus unter Ihren Füßen. Locker und feucht, dunkelbraun oder schwarz, Humus stammt aus der Erde und ist doch mehr als nur einfach Schmutz. Nehmen Sie eine Handvoll auf. Schauen Sie es sich genau an. Atmen Sie sein nach Wald riechendes Aroma ein.
Sieht nicht besonders aus, oder? Und doch sind die schwarzen Körnchen in Ihrer Hand die Quelle allen Lebens auf unserem zerbrechlichen Planeten. Wenn Pflanzen und Tiere sterben, werden ihre Überreste von Myriaden Organismen im Boden aufgenommen und in ihre elementaren Bestandteile zerlegt.
Humus ist somit gestaltlos, die schwarzen Körnchen geben keinerlei Hinweis auf ihren Ursprung. Tiere, Insekten, Pflanzen, Bakterien und Pilze – alles was lebt, stirbt eines Tages und verwandelt sich in Humus.

Gemahlen vom Mühlrad des Lebens verkörpert Humus den endlosen Kreislauf von Geburt, Tod und Erneuerung.

Aber über diese spirituellen und ehrfurchtgebietenden Eigenschaften hinaus ist Humus etwas Fundamentales, das Lebensblut produktiver Erde. Er ist der Unterschied zwischen einem erodierten und ausgebrannten Stück Land und einem blühenden Bauernhof, Garten oder Obstgarten, in denen verschiedene biologische und chemische Systeme im Gleichgewicht gedeihen.

Aber die Kräfte der Natur arbeiten langsam; sie brauchen Jahre und manchmal sogar Jahrhunderte, um auch nur eine dünne Schicht von bodenanreicherndem Humus zu produzieren. Aus diesem Grunde befassen sich findige Gärtner und Bauern schon seit Urzeiten mit der Kompostierung – einer Reihe von Maßnahmen, mit denen der natürliche Vorgang der Humusbildung beschleunigt wird.

Der einzige Unterschied zwischen von Menschenhand hergestelltem Kompost und Humus aus dem Wald besteht in der Zeit, die für die Produktion benötigt wird. Wenn Sie Kompost herstellen – ganz gleich, nach welchem Verfahren –, produzieren Sie Humus (die Begriffe Humus und Kompost können in diesem Buch jederzeit gegeneinander ausgetauscht werden).

Natürlich können Sie Kompost, wenn Sie mal darüber nachdenken, nicht wirklich *herstellen,* das heißt, schaffen, wie Sie auch keinen Samen keimen oder einen Baum machen können. Das sind biologische und geheimnisvolle Vorgänge, die von kosmischen Kräften bestimmt werden. Alles, was wir tun können, besteht darin, an diesen Vorgängen teilzunehmen und, oft, sie einzuleiten.

Mit Hilfe einer der in diesem Buch aufgezeigten Methoden schaffen Sie es, innerhalb zwei Wochen einen Komposthaufen anzulegen und fertigen Kompost zu bekommen.

Das ist der Grund dafür, daß das Kompostieren so einfach ist. Sie brauchen nur die Materialien nach ein paar einfachen Grundsätzen richtig zusammenzubrin-

gen. Sie brauchen keine Arbeiter einzustellen, keinen Pfennig auszugeben und keinen Muskel anzustrengen. Mutter Natur tut all die harte Arbeit.
Wenn Sie die hier beschriebenen Methoden anwenden, die zum Teil erst in den letzten Jahrzehnten entwickelt wurden, können Sie nahezu jeden beliebigen organischen Abfall in fertigen Kompost – reichen, schwarzen Humus – verwandeln, und das in nur zwei Wochen! Nur die einfachen Kompostierungs-„Rezepte" befolgen, jede Woche ein paar Stunden angenehme und gesunde Arbeit einlegen, und Sie werden sehen, wie sich Küchenabfälle, gemähtes Gras, Unkraut und sogar der Staub aus Ihrem Staubsauger in wertvollen Kompost umwandeln.
Doch vielleicht sind Sie skeptisch. Sie könnten sich fragen, warum organisch arbeitende Gärtner seit Generationen darauf bestehen, daß Kompost, mehr Kompost und noch mehr Kompost der einzeln gesehen wichtigste Faktor für einen ertragreichen Garten jeder beliebigen Größe ist. Schließlich sind die Gartenbedarfsgeschäfte überfüllt mit Schachteln, Beuteln und Flaschen mit allen nur vorstellbaren Inhalten, die Ihnen von der Werbung als unverzichtbar für Ihren Garten angepriesen werden.
Wie ist es möglich, daß etwas so Grundlegendes wie die verrotteten Überreste von Pflanzen- und Tierabfällen für alle Böden das einzig Wahre sein können, eine Wundersubstanz, die man im eigenen Hinterhof herstellt? Wenn Sie noch Neuling in der natürlichen Art des Gärtners sind, könnten Sie sich fragen, ob dieses Beharren auf dem Wert des Komposts nicht vielleicht mehr auf dem leidenschaftlichen Enthusiasmus des organisch arbeitenden Gärtners als auf Tatsachen beruht.
Nun, lassen Sie sich in diesem Zusammenhang sagen, was die moderne wissenschaftliche Forschung über den Wert von Kompost und Humus herausgefunden

Kompost ist nicht nur der beste Bodenverbesserer, den es gibt, sondern auch eine exzellente Art und Weise, Abfälle wiederaufzuarbeiten.

hat. Bei landwirtschaftlichen Untersuchungen auf der ganzen Welt hat man eine lange Liste mit den guten Wirkungen des Komposts auf die Umwelt zusammengestellt (es gibt übrigens keinerlei schlechte Wirkungen; es ist nahezu unmöglich, zu viel Kompost oder Humus zu verwenden, je mehr Sie unter Ihre Erde geben, desto besser).

Freigiebige und regelmäßige Anwendung von Kompost

- unterstützt und ermutigt das natürliche Leben im Boden, indem Nährstoffe bereitgestellt werden für Bakterien, Pilze und Würmer, deren Aktivität wiederum zu einer gesunden Entwicklung der Pflanzen beiträgt;
- stabilisiert den pH-Wert des Bodens bei neutral bis leicht sauer – der ideale Bereich für die meisten Pflanzen;
- sorgt für eine Lagerung und natürliche, über die Zeit verteilte Abgabe von Nährstoffen für die Pflanzen;
- verbessert die Beschaffenheit und Struktur *aller* Böden, sei es Ton oder Sand, seien sie in gutem oder in schlechtem Zustand;
- schützt den Boden vor Austrocknung und Erosion;
- verhindert ein Auswaschen der Nährstoffe aus dem Boden;
- wirkt als Puffer gegen das Entstehen von Giften im Boden;
- verringert das Wachsen von Unkraut;
- verlängert die Anbauzeit;
- gibt dem Land Stickstoff, Kalium und Phosphor zurück sowie Spurenelemente und in der Natur vorkommende Substanzen, die bislang noch nicht genau bekannt sind, aber wahrscheinlich lebenswichtig für die Gesundheit von Pflanze und Boden.

All das ist möglich mit Hilfe von Kompost aus Materialien, die man normalerweise wegwerfen würde.

Kompostbereitung

Bevor Sie mit der Kompostbereitung anfangen, sollten sie einige grundlegende Dinge darüber wissen, wie organische Substanz in Humus umgewandelt wird. Im Prinzip gibt es nur zwei Arten der Kompostbereitung – schnell und langsam. Bei der schnellen Art sind die Komposthaufen heiß, die Temperaturen erreichen Spitzenwerte von 71° C. Bei der langsameren Art sind die Haufen relativ kühl, die Temperaturen schwanken um 43° C und können auch tiefer liegen. Alle Kompostierungsmethoden sind einfache Abwandlungen dieses Prinzips – man setzt organische Substanzen entweder über längere Zeit hohen Temperaturen aus oder läßt sie sich langsam im kühleren Temperaturbereich zersetzen.
Beide Methoden haben ihre Vorteile, und bei beiden ist das Ergebnis wertvoller Humus. Welche Methode sie auch wählen – wir geben Tips, mit denen Sie die für Ihren Bedarf beste Technik herausfinden können – die grundlegenden Prinzipien der Kompostierung bleiben die gleichen.

Organische Substanz
Verschiedene Mikroorganismen wandeln alles, was tierischen oder pflanzlichen Ursprungs ist, in Humus um, wenn man ihnen genug Zeit läßt. Bestimmte Materialien sind jedoch für den Komposthaufen zu Hause besser geeignet als andere (weiter hinten im Buch sind im Kapitel „Material für den Komposthaufen" nähere Einzelheiten zu finden). Was Sie auch

Grobe und große Abfallteile wie Laub und Maisstengel zersetzen sich schneller, wenn sie zerkleinert werden, bevor sie in den Komposthaufen kommen.

zum Kompostieren verwenden wollen, es sollte möglichst zerhackt, zerschnitten oder sonstwie zerteilt werden, damit es kleiner wird und somit eine größere Oberfläche bekommt. Dadurch haben die zersetzenden Mittel mehr Angriffsfläche bei ihrer Arbeit. Durch die Zerkleinerung organischer Substanzen – Stengel, Blätter, Stiele – wird weiterhin die Verrottung beschleunigt, indem Zugangsmöglichkeiten für Bakterien und Pilze geschaffen werden, die Hauptakteure in einem Komposthaufen.

Kleinlebewesen

Wie die Erde selbst ist ein Komposthaufen eine lebendige Gemeinschaft von verschiedenartigen Lebensformen, die jedoch in einer gegenseitigen Abhängigkeit leben. Organische Substanz verrottet nicht einfach im abstrakten Sinne. Sie wird von unsichtbaren, aber dynamischen Organismen konsumiert und verdaut, die ebenfalls im Verlauf der Zeit sterben und selbst verdaut werden.

Stellen Sie sich Ihren Komposthaufen wie eine blühende Fabrik vor. Die durcheinanderwimmelnden Bakterien, Pilze, Aktinomyceten und Protozoen sind die Arbeiter; Sie sind der Chef. Bieten Sie diesen mikroskopisch kleinen Angestellten nur die Mindestvoraussetzungen, und sie werden unaufhörlich fruchtbaren Humus produzieren. Alles was sie brauchen, ist die richtige Mischung von organischer Substanz, Luft, Feuchtigkeit und Temperatur.

Luft

Die beiden Arten der Kompostbereitung – schnell und langsam – beruhen auf verschiedenen Mikroorganismen mit unterschiedlichem Bedarf an Luft. Für die langsame Zersetzung ist eigentlich keinerlei Sauerstoff erforderlich. Die Mikroben arbeiten dabei unter anaërobischen Bedingungen, d. h. ohne Sauerstoff.

Materialien, die anaërobisch verrotten, können sich in geschlossenen Gefäßen wie Fässern und Tanks oder unter einer dichten Plastikfolie zersetzen.

Bei der Kompostierung nach der schnellen Methode ist eine gute Luftzirkulation sehr wichtig.

Für das schnelle Kompostieren braucht man jedoch Luft, viel Luft, die regelmäßig umgewälzt werden muß, indem man die Materialien wendet und auflokkert. Wenn Sie mit der schnellen Kompostierung beginnen, aber nicht an die Luftzirkulation denken, oder wenn der Haufen sich mit Wasser vollsaugt und damit den Sauerstoff verdrängt, ändert sich der aerobische Vorgang. Die Aeroben (Bakterien, die Sauerstoff benötigen) verbrauchen allen vorhandenen Sauerstoff und sterben dann ab. Schließlich nehmen die anaërobischen Bakterien die herrschende Stellung ein, und der Kompostierungsvorgang dauert beträchtlich länger. Für eine Mikrobe spielt Zeit keine Rolle, aber vielleicht für Sie.

Etwas anderes, das möglicherweise von Bedeutung ist, ist der physikalische Unterschied zwischen anaërobischer und aërobischer Zersetzung. Aërobische Komposthaufen entwickeln keinen unangenehmen Geruch. Die verrottenden Materialien nehmen den Duft des Waldbodens oder den von Pilzen an. Ein anaërobischer Haufen jedoch kann fürchterlich stinken, und zwar besonders, wenn er unter anderem aus Küchenabfällen besteht.

Gärtner haben alle möglichen Systeme entwickelt, um das Innere von Komposthaufen mit Luft zu versorgen. Manche verwenden perforierte Plastikrohre, die senkrecht und waagrecht durch den Haufen gestoßen werden. Andere nehmen für den gleichen Zweck Äste, längliche Stücke Abfallholz oder Reisigbündel. Bei einer weiteren Methode wird der Haufen über kreuz und quer gelegten Sonnenblumenstielen aufgebaut, die mit der Zeit verrotten und Luftkanäle im Haufen zurücklassen. Und dann gibt es noch Leute, die mit Komposthaufen Erfolg gehabt zu haben behaupten, die über stabilen Drahtnetzen oder Grillrosten gebaut waren. Dabei soll die Luft von unten in den Haufen eindringen.

Doch bei keiner dieser Methoden gelangen größere Luftmengen an alle Teile des Haufens. Das schafft man nur mit einer Technik, und das ist diejenige, die die meisten Gärtner möglichst zu meiden suchen, den Haufen alle drei oder vier Tage zu wenden oder durchzuarbeiten. Ob das harte Arbeit oder eine gute körperliche Betätigung ist, bleibt dem Standpunkt des Betroffenen überlassen, doch es ist die wirkungsvollste Art und Weise, einen heißen, schnell arbeitenden aërobischen Komposthaufen zu unterhalten.

Mit der klassischen Indore-Methode ist es möglich, Komposthaufen zu errichten, die zu Beginn aërobisch sind und dann langsam anäerobisch werden, ohne daß sich schlechte Düfte oder Schlamm entwickeln. Trotzdem, für den Bau von wirkungsvollen Komposthaufen, die nicht stören sollen, ist es besonders im Anfangsstadium wichtig, daß das sich zersetzende Material ausreichend Luft erhält.

Feuchtigkeit

Wenn Sie das Kompostmaterial so feucht wie einen ausgewrungenen Schwamm halten, ist das genau richtig.

Ein Haufen aus extrem nasser organischer Substanz – beispielsweise Küchenabfälle oder Mist – zersetzt sich anaërobisch. Weil alle Poren des Materials statt mit Sauerstoff mit Wasser gefüllt sind, arbeiten die Zersetzungsbakterien langsam bei niedriger Temperatur und produzieren einen unangenehmen Geruch. Das läßt sich ertragen, wenn man seine Abfälle in einer abgedeckten Grube , unterirdisch oder in einem dicht verschlossenen Tank kompostiert, doch für die meisten Leute dürfte ein geruchloser Haufen äußerst willkommen sein.

Genau die richtige Feuchtigkeit für einen Komposthaufen zu finden, ist oft der Schlüssel zu erfolgreichem aërobischen Kompostieren. Ein zu nasser Hau-

fen backt zusammen und erzeugt Schlamm, während ein zu trockener einfach dort liegt und sich vielleicht bis zur nächsten Eiszeit zersetzt hat.
Sämtliches Material in einem Komposthaufen sollte etwa so feucht wie ein ausgewrungener Schwamm sein. Das können Sie erreichen, indem Sie nasses und trockenes Material abwechselnd aufeinanderschichten. Mischen Sie Küchenabfälle mit Heu oder trockenen Blättern, frischen Kuh- oder Pferdemist mit Stroh oder anderem Unterlegmaterial, grünes, nasses Gras mit toten Blättern. Und halten Sie Ihren Gartenschlauch oder Ihre Gießkanne bereit. Manche Materialien wie beispielsweise Heu, Stroh, tote Blätter und Sägemehl stoßen Wasser einfach ab oder lassen es nur in die Oberfläche eindringen. Geben Sie Wasser zu, bis alles vor Feuchtigkeit glänzt, dann noch einmal durcharbeiten, damit sich die Feuchtigkeit durch alle Fasern verteilt.
Wenn Sie nach der schnellen, heißen Methode Kompost bereiten – und dabei den Haufen alle drei Tage wenden –, müssen Sie nach dem ersten Wenden vielleicht wieder Wasser zugeben. Zu dieser Zeit werden Sie auch feststellen, daß die Temperatur im Haufen steigt. Wenn sich keine Wärme entwickelt, sonst aber alles in Ordnung ist (ausreichend Stickstoff und Luft), liegt das Problem wahrscheinlich im Feuchtigkeitsgehalt. Wenn das Material zu trocken erscheint, müssen die einzelnen Schichten beim Wenden des Haufens besprüht oder begossen werden.
Ist der Haufen zu naß – das erkennen Sie an der fehlenden Wärme, am schlechten Geruch und an Wasserbächen –, muß mehr absorbierendes Material untergemischt werden, bis alle Materialien gleichmäßig feucht sind.

Stickstoff

Viele Gärtner häufen abgeschnittene Äste, Blätter und Unkraut an abseits gelegenen Stellen auf. Jahre vergehen, bis aus diesen Haufen verwertbarer Humus wird. Doch wenn sie es richtig angingen, könnten die gleichen Materialien in weniger als einem Monat oder höchstens einem Jahr zu fertigem Kompost umgewandelt werden. Worin besteht das Geheimnis? Ausreichend Luft und Feuchtigkeit sind wichtig, wie wir gesehen haben, doch der Schlüssel zur schnellen, heißen Kompostierung heißt *Stickstoff.*

Das beste Verhältnis von kohlenstoff- zu stickstoffhaltigem Material im Komposthaufen liegt bei 25:1.

Wie alle Lebewesen brauchen die Mikroben in einem Komposthaufen eine ausgewogene Diät, um zu überleben und sich zu reproduzieren. Wie wir Menschen brauchen sie Kohlenstoff (Kohlehydrate) und Stickstoff (Protein) zur optimalen Energie-Erzeugung und Gewebeerhaltung. Wissenschaftlich wird diese Ausgewogenheit als Kohlenstoff-Stickstoff-Verhältnis bezeichnet. Das ideale Kohlenstoff-Stickstoff-Verhältnis in einem Komposthaufen beträgt 25-30 Teile Kohlenstoff auf einen Teil Stickstoff. In diesem Bereich und unter der Voraussetzung, daß ausreichend Luft und Feuchtigkeit vorhanden sind, vermehren sich die gut gehegten aerobischen Organismen schnell und leben von der zusammengetragenen pflanzlichen und tierischen Materie. Ihre Aktivität führt zu den hohen Temperaturen, die für einen sich schnell zersetzenden Komposthaufen charakteristisch sind.

Doch wenn das Verhältnis Kohlenstoff-Stickstoff zu sehr in Richtung Kohlenstoff verschoben ist, beispielsweise 100 zu 1, heizt sich der Haufen nicht auf. Die Zersetzung geht wie bei den oben erwähnten vernachlässigten Haufen im Schneckentempo vor sich. Natürlich gibt es keine Möglichkeit, das Verhältnis von Kohlenstoff und Stickstoff in Ihrem Komposthaufen ohne kompliziertes Laborgerät genau zu messen. Doch das ist glücklicherweise auch nicht erforder-

lich. Sie können leicht lernen, mit Hilfe Ihrer Augen, Ihrer Nase und Ihrer Erfahrung zu beurteilen, ob Kohlenstoff und Stickstoff sich in Ihrem Komposthaufen im richtigen Verhältnis zueinander befinden.
Alle organischen Substanzen enthalten Kohlenstoff und Stickstoff, allerdings in unterschiedlichen Mengen. Einige wenige Materialien wie gutes Heu und Sojabohnenstengel haben von Natur aus das ideale Verhältnis von 25 oder 30 zu 1, aber die meisten Substanzen enthalten entweder zu viel oder zu wenig Kohlenstoff oder Stickstoff und müssen gemischt werden. Wenn Ihre Mischung zu viel Kohlenstoff enthält, verbrauchen die Mikroben allen vorhandenen Stickstoff und stellen dann die Arbeit ein; das restliche kohlenstoffhaltige Material verrottet nicht, und der Haufen bleibt einiges unterhalb der sterilisierenden Temperatur. Enthält der Haufen jedoch zu viel Stickstoff, wird der Überschuß von den Mikroben als Ammoniakgas abgegeben. Diesen charakteristischen Geruch werden Sie mühelos erkennen.
Um das richtige Verhältnis von Kohlenstoff und Stickstoff bei Ihren Kompostmaterialien zu erreichen, schauen Sie sich am besten zunächst einmal die Tabelle „Kohlenstoff/Stickstoff-Verhältnis verschiedener organischer Substanzen“ an. Denken Sie daran, daß Sie durch Mischen das ideale Verhältnis erreichen können.
Beispielsweise würde ein Teil Obstreste (wie etwa die Apfelfruchtmasse, die bei der Mostbereitung übrigbleibt) und zwei Teile gemähtes Gras oder Mist ein Verhältnis von 25:1 ergeben. Eine Mischung aus Essensresten, gemähtem Gras, Mist und toten Blättern käme dem Ideal ebenso nahe wie ein Teil Haferstroh auf einen Teil Mist oder gleiche Teile von Heu, Gras und Maisstengeln. Achten Sie darauf, die Zutaten nach Gewicht und nicht nach Volumen zu mischen. Mit Hilfe der Tabelle können Sie je nach

Kohlenstoff/Stickstoff-Verhältnis verschiedener organischer Substanzen

Luzerne	13 : 1	Reifer Honigklee	23 : 1
Luzernenheu	12 : 1	Haferstroh	80 : 1
Maisstengel	60 : 1	Papier	170 : 1
Essensreste	15 : 1	Mist	20 : 1
Obstreste	35 : 1	Sägemehl	500 : 1
Gemähtes Gras	19 : 1	Aktivierter Klärschlamm	6 : 1
Grüner Honigklee	16 : 1	Aufgeschlossener Klärschlamm	16 : 1
Humus	10 : 1	Stroh	80 : 1
Blätter	80 : 1 – 40 : 1	Holz	700 : 1
Heu aus Hülsengräsern	25 : 1		

dem Material, das Ihnen zur Verfügung steht, Ihre eigenen Kombinationen ausarbeiten.

Doch denken Sie daran, daß die Tabelle nur als Anleitung dient. Sie werden bald wissen, wie man den Kohlenstoff- und Stickstoffgehalt von bestimmten Materialien nach ihrer Herkunft und ihrem Aussehen beurteilt. Die meisten tierischen Abfälle wie Mist, Haare, Federn und Urin sind beispielsweise reich an Stickstoff. Frische Grünpflanzen, Kaffeesatz und Mehlarten wie Sojabohnenmehl sind ebenfalls stickstoffhaltig.

Kohlenstoffhaltiges Material ist gewöhnlich spröde, alt und dunkelbraun. Getrocknete Pflanzenstengel, tote Blätter, Rinde und andere Holzabfälle haben einen hohen Kohlenstoffgehalt und zersetzen sich nur langsam, wenn man nicht reichlich Stickstoff zugibt (denken Sie auch daran, daß man mit fertigem Kompost keinen neuen Komposthaufen ansetzen kann, weil Humus ein Kohlenstoff/Stickstoff-Verhältnis von 10 zu 1 hat).

Essensreste bilden eine gute Quelle für feuchtes, stickstoffreiches Material zum Kompostieren.

Haushaltsmüll ist eine ungewöhnlich gute Quelle für kompostierbare Materialien mit einem reichen Gehalt an Stickstoff und Spurenelementen. Küchenabfälle lassen sich schnell und geruchlos kompostieren, wenn

sie mit saugfähigem Material wie Blättern, Heu und trockenem Gras gemischt werden.
Wenn Sie einen schnellen, heißen Komposthaufen haben wollen, der in weniger als einem Monat schwarzen Humus liefert, ist das Wichtigste ein ausgewogenes Kohlenstoff-Stickstoff-Verhältnis. Aber lassen Sie sich nicht von den Zahlen aus dem Konzept bringen; sie sind nur ein Anhaltspunkt, nach dem Sie sich richten können, bis Sie ein paar Mal Erfolg gehabt haben. In der Praxis sagt Ihnen Ihr Komposthaufen, wenn das Verhältnis Kohlenstoff-Stickstoff stimmt. Wenn sämtliches Material feucht, aber nicht naß ist und der Komposthaufen sich trotzdem nicht innerhalb 48 Stunden auf 43 bis 49° C erwärmt, brauchen Sie wahrscheinlich mehr Stickstoff. Wenn sich andererseits der Haufen erwärmt, aber stark nach Ammoniak riecht, haben Sie zu viel Stickstoff zugegeben. Sie brauchen das nicht zu korrigieren. Denken Sie nur daran, beim nächsten Mal etwas weniger stickstoffhaltiges Material zuzugeben, wenn der Haufen ähnliches Material enthält.
Im allgemeinen ist es für einen Anfänger ratsam, bei den ersten Komposthaufen eine Menge stickstoffreiches Material unterzumischen. Sie werden etwas Stickstoff an die Luft verlieren, doch dafür können Sie sicher sein, daß der Haufen genügend Wärme für eine schnelle Zersetzung entwickelt.
Übrigens, wenn Sie in der Stadt oder in einer Vorstadt wohnen, werden Sie erfreut feststellen, daß man für einen wirkungsvollen Komposthaufen nicht unbedingt Mist braucht. Es stimmt schon, Mist ist eine Quelle für konzentrierten Stickstoff und bequem zu verwenden. Aber Stadtbewohner haben oft Mühe, ihn billig oder umsonst und in ausreichenden Mengen zu bekommen, von der Möglichkeit, ihn ohne Aufschrecken der Nachbarn nach Hause zu bringen, ganz zu schweigen.

Die Kohlenstoff/Stickstoff-Tabelle und die Erfahrungen aus der Praxis zeigen, daß selbst der stadtverhaftetste aller Gärtner reichlich Humus produzieren kann, und zwar mit nichts mehr als Abfällen (tote Blätter, gemähtes Gras und Küchenabfälle).

Kompostierungsmethoden

Richten Sie sich bei der Kompostierungsmethode und der Art des Komposthaufens danach, wieviel Kompost Sie benötigen und welches Material Sie leicht bekommen können.

Welches ist die beste Art der Kompostbereitung? Diese Frage können nur Sie selbst beantworten. Die beste Methode ist diejenige, die Ihren Bedürfnissen als Gärtner am wirkungsvollsten dient. Bei der Wahl einer Kompostierungstechnik müssen Sie verschiedene Faktoren berücksichtigen. Wie groß ist Ihr Garten? Wieviel Zeit haben Sie für die Kompostbereitung? Welche Arten und Mengen an organischer Substanz stehen Ihnen zur Verfügung?
Natürlich endet jeglicher Kompost, wie er auch hergestellt wird, als Humus – das Wertvollste, was Sie Ihrem Boden geben können. So ist jede Kompostierungstechnik, die es Ihnen ermöglicht, Ihr Land regelmäßig anzureichern (selbst wenn Sie in Behältern gärtnern), einen Versuch wert. Aber jede Methode hat bestimmte charakteristische Merkmale, die Ihren Bedürfnissen entgegenkommen oder auch nicht. Lassen Sie uns mit einer klassischen Kompostierungstechnik anfangen.

Die Indore-Methode:
Diese Methode erhielt ihren Namen von dem Landstrich in Indien, in dem sie zum ersten Mal von Sir Albert Howard, einem britischen Agronomen, erprobt wurde. Howard lebte von 1905 bis 1934 in Indien, wo er an der Verbesserung erschöpfter Böden und unproduktiver Anbaumethoden arbeitete.
Howard, der im allgemeinen als Vater der organischen Methode angesehen wird, begriff, daß der Weg

zu einer optimalen Fruchtbarkeit des Bodens über die reichliche Anwendung von Humus führte. Bei der von ihm entwickelten systematischen Kompostierung wurden pflanzliche Abfälle und Mist in Schichten aufgehäuft und nicht häufig, aber regelmäßig gewendet.
Bei der Indore-Methode entsteht zu Anfang etwas Wärme, doch hauptsächlich handelt es sich dabei um langsam arbeitende, anaërobische Haufen, die frei sind von dem Geruch der aufs Geratewohl angelegten anaërobischen Komposthaufen. Diese Methode könnte für Sie in Frage kommen, wenn Sie viel Land besitzen, wenn es Ihnen nichts ausmacht zu warten, bis die Materialien sich langsam zersetzen,und wenn Sie den Haufen möglichst wenig wenden wollen. Je nach Art und Zustand des verwendeten Materials muß ein Indore-Haufen bei mildem Wetter in der Regel mindestens drei Monate liegen, manchmal auch länger.
Der Haufen sollte eine Mindestgröße von 90 cm im Quadrat und eine Mindesthöhe von 90 bis 150 cm haben (Howards Grundausführung war 180 cm breit, 90 bis 150 cm hoch und 300 bis 900 cm lang). Sie können einen Verschlag benutzen oder die Abmessungen des Haufens einfach mit dem Spaten auf der Erde markieren.
Legen Sie innerhalb dieser Grenzmarkierung eine 5 cm hohe Schicht aus Pflanzenabfällen aus. Das ist das Fundament Ihres Komposthaufens. Nehmen Sie für diesen Zweck Heu, Stroh, Sägemehl, Blätter, Gras, Maiskolben oder -stengel, Küchenabfall oder Holzspäne.
Als nächstes kommt eine 5 cm dicke Lage aus Mist und Lagerstreu darauf.
Streuen Sie darüber eine dünne Schicht (3 mm) Mutterboden (uringetränkte Erde aus einer Scheune oder einem Stall ist besonders wertvoll).
Darauf werden als nächstes verschiedene Bodenzu-

INDORE-KOMPOSTHAUFEN: Als erstes kommt eine 15 cm dicke Lage pflanzlicher Abfälle, danach eine 5 cm starke Schicht Mist. Die beiden Schichten werden mit einer dünnen Schicht (3 mm) Erde bedeckt; jetzt können Gesteinsmehl

Ein Indore-Komposthaufen muß 90 bis 120 cm hoch sein; ein niedrigerer Haufen hat kein ausreichendes Volumen, ein höherer ist schlecht zu wenden.

sätze gestreut – Granitstaub, Apatitgestein, Grünsand oder Holzasche. Diese versorgen den fertigen Kompost mit zusätzlichen Mineralien, die beim Verrottungsprozeß in Formen zerlegt werden, die von den Pflanzenwurzeln besser aufgenommen werden können.

Schichten Sie weiterhin abwechselnd Pflanzenabfälle, Mist und Erde übereinander, bis der Haufen eine Höhe von 90 bis 120 cm hat, und sorgen Sie dafür,daß alles ausreichend feucht ist. Notfalls mit Wasser besprengen oder besprühen. Wenn Sie vorhaben, den

und Bodenzusätze zugefügt werden. Das Ganze wird wiederholt, bis der Haufen 1,2 m hoch ist. Der fertige sollte eine Abmessung von 90 cm im Quadrat und 90 bis 120 cm Höhe haben.

Haufen ungewendet liegenzulassen, sollten Sie senkrechte und waagrechte Stäbe oder Rohre (aus Kunststoff) in die Schichten einbauen. Dadurch wird ein größerer Teil des Haufens mit Luft versorgt, obgleich eine völlige Durchlüftung so nicht möglich ist.

Innerhalb von zwei Tagen nach dem Bau sollte der Haufen ein Zeichen von Erwärmung zeigen. Wenn Sie keine Wärme feststellen können (die Temperatur sollte auf mindestens 43° C steigen), müssen Sie Feuchtigkeit und Stickstoffgehalt prüfen und eins von beiden vergrößern. Dafür müssen Sie natürlich den

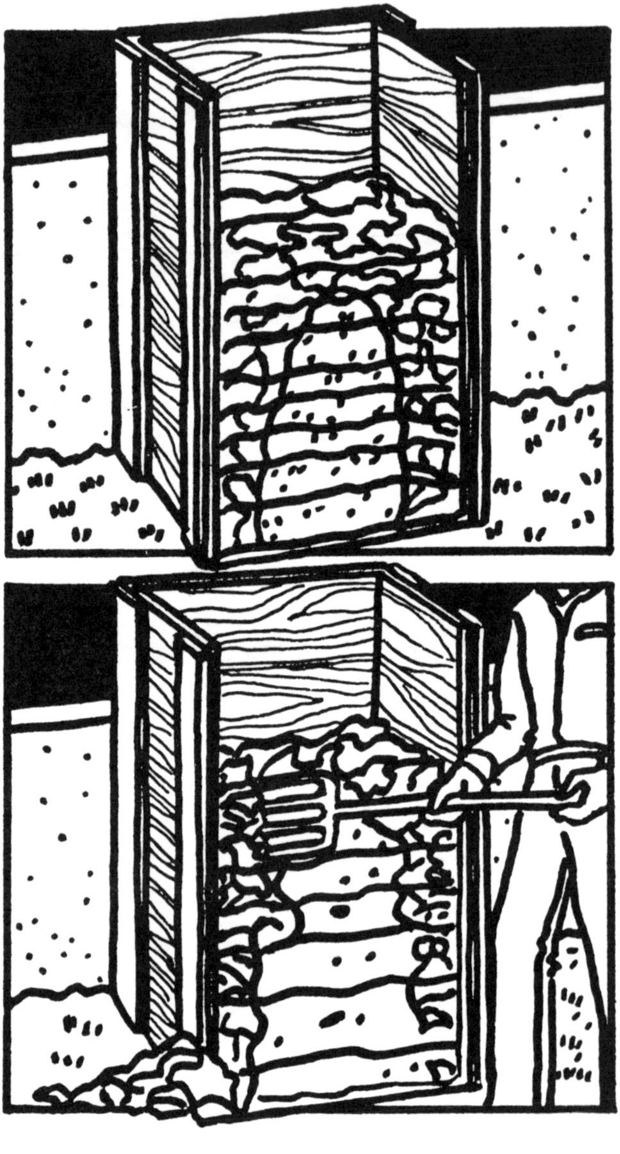

ganzen Haufen wieder auseinanderreißen, was ein weiterer Grund dafür ist, gleich von Anfang an für viel Feuchtigkeit und Stickstoff zu sorgen.

WENDEN DES KOMPOSTHAUFENS: Der Kompost wird mit einer Forke aus dem Verschlag geholt, wobei das äußere Material getrennt von dem inneren abgelegt wird (links). Beim Wiedereinfüllen kommt jetzt das ehemals außen befindliche Material nach innen und umgekehrt (oben).

Wenden Sie den Haufen drei Wochen nach Beginn mit einer Mistgabel und entfernen Sie dabei alle Lüftungsstäbe oder -rohre. Durch dieses Wenden werden die einzelnen Schichten miteinander vermischt und alle Materialien werden zu einer homogenen Masse. Aber merken Sie sich, wie Sie den Haufen auseinandernehmen. Denn wenn Sie ihn wieder aufschichten, sollte das, was vorher außen war, nach innen kommen und umgekehrt. Damit soll erreicht werden, daß alles Material eine gewisse Zeit im Innern des Haufens verbringt, wo die Temperaturen am höchsten und die Mikroorganismen am aktivsten sind. Bei diesem ersten Wenden müssen Sie möglicherweise auch Wasser zugeben.

Das zweite Wenden kommt nach wiederum drei Wochen. Zu diesem Zeitpunkt sollten die Temperaturen höher sein, bei 54 bis 65° C, obgleich sie mit fortschreitender Zersetzung wieder sinken werden.

Etwa drei bis sechs Monate nach dem erstmaligen Aufschichten des Haufens wird der Verrottungsprozeß beendet sein. Dieser Zeitraum variiert jedoch je nach dem, wie oft der Haufen gewendet wurde und welches Material Verwendung fand. Selbst nach sechs Monaten können Zutaten wie etwa dicht verfilzte Blätter oder faserige Stengel noch relativ unangeriffen sein. Nehmen Sie diese als Grundlage für Ihren nächsten Komposthaufen.

Der Zeitplan für das Wenden ist keineswegs unantastbar. Sie können den Haufen wenden wie oben vorgeschlagen oder Sie wenden ihn zum ersten Mal nach sechs und zum zweiten Mal nach zwölf Wochen. Sie können ihn häufiger wenden (was die Zersetzung beschleunigt) oder auch überhaupt nicht. Viele Gärtner bevorzugen letzteres und vermeiden damit die Arbeit, eine Tonne und mehr an organischer Substanz mit der Forke von einer Stelle zu einer anderen zu schaffen.

Wenn Sie den Haufen nicht wenden wollen, decken Sie ihn mit Grassoden oder Plastik ab, damit der Geruch drin bleibt und die Fliegen draußen.

Wenn Sie sich dafür entscheiden, den Haufen nicht zu wenden, bauen Sie ihn wie vorgeschlagen, decken ihn aber mit umgedrehten Grassoden oder schwarzer Plastikfolie ab. Beschweren oder befestigen Sie die Plastikfolie, damit der Wind sie nicht davonwehen kann. Durch diese Abdeckung arbeitet der Haufen anaërobisch, aber wegen der abwechselnden Schichten von nassem und trockenem Material sollten Sie mit Gestank und Fliegen keine Probleme bekommen. Ein Haufen, der nicht gewendet wird, braucht mindestens ein Jahr, um sich durch und durch zu zersetzen.

Die Hauptvorteile der Indore-Methode und ähnlicher Arten des langsamen Kompostierens besteht darin, daß große Mengen organischer Substanzen verarbei-

tet werden können, während nur minimale körperliche Anstrengungen erforderlich sind. Sobald Sie einmal einen Haufen angelegt haben, können Sie der Natur alle Arbeit überlassen.
Das langsame Kompostieren hat jedoch den Nachteil, daß die Komposthaufen sechs Monate oder länger Platz benötigen und daß in den Haufen keine sterilisierenden Temperaturen erzeugt werden. Das bedeutet, daß Unkrautsamen und pathogene Keime den Kompostierungsprozeß überleben.
Trotzdem kann die klassische Indore-Methode für Sie die richtige sein, wenn Sie ein großes Grundstück haben, über eine beträchtliche Menge organischer Substanzen und fertigen Kompost verfügen, den Sie in der Zwischenzeit verwenden können, und wenn Sie keine Lust haben, Ihren Komposthaufen regelmäßig zu wenden.

Gräben oder Kompostlöcher:
Hinter diesen beiden Begriffen steckt einfach nur die Tatsache, daß man Küchenabfälle und andere organische Substanzen vergräbt, eine einfache, aber wertvolle Art, den Boden aufzubauen. Wenn Sie organische Abfälle vergraben, schaffen Sie einen unterirdischen Komposthaufen. Die Zersetzung geht anaërobisch und relativ langsam vor sich, ist dafür aber auch geruchlos, unsichtbar und bequem.
Für das Kompostieren in Gräben gibt es verschiedene Möglichkeiten, an die Sache heranzugehen, doch alle haben ein paar Dinge gemeinsam. Als erstes sollte das Material in den Gräben mit 10 bis 15 cm Erde bedeckt werden; besonders bei Küchenabfällen bedeutet jeder Zentimeter weniger eine Einladung für Aasfresser. Zweitens sollten Sie alle Materialien in Gartenbereichen vergraben, die ein Jahr lang brachliegen sollen. Sie können nicht unmittelbar über frisch eingegrabenem Abfall Pflanzen an- oder umsetzen, ohne das

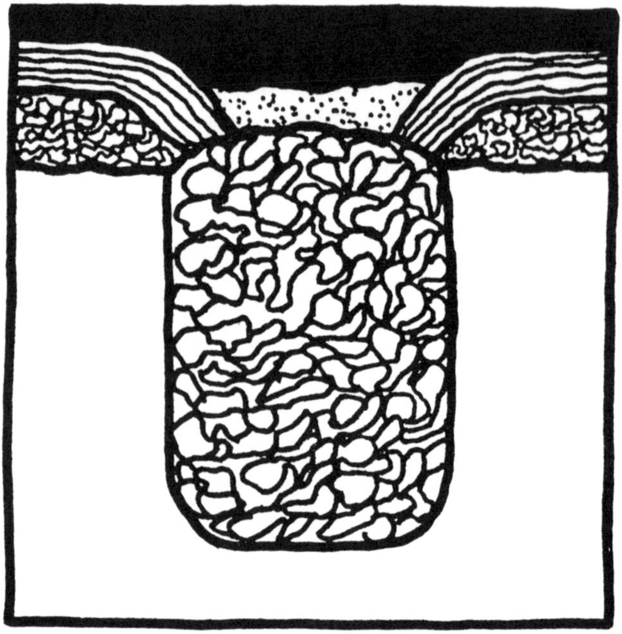

KOMPOSTGRABEN: Es wird ein 30 cm tiefer und 30-45 cm breiter Graben gezogen, der mit organischem Material gefüllt und mit Erde bedeckt wird. Diese Gräben können unter Gartenwegen oder in Bereichen des Gartens angelegt werden, in denen im nächsten Jahr gepflanzt werden soll.

Risiko eines Stickstoffmangels bei Ihren Pflanzen einzugehen (frische organische Substanz entzieht dem Boden bei der Zersetzung Stickstoff, wobei die unmittelbare Umgebung und die in der Nähe befindlichen Pflanzen zeitweilig dieses lebenswichtigen Elements beraubt werden).

Ziehen Sie bei dieser Methode Gräben von etwa 30 cm Tiefe und 30 bis 45 cm Breite. Füllen Sie sie mit beliebiger organischer Substanz und bedecken Sie das ganze mit Erde. Darüber können Sie noch eine Stroh- oder Laubdecke aufbringen, wenn Sie wollen. Diese Gräben können an Gartenwegen angelegt werden, die im nächsten Jahr bepflanzt werden sollen. Sie können sie auch in unbenutzten Gartenabschnitten anlegen oder in Bereichen, die Sie in Zukunft als Garten nutzen wollen. Gärtner, die mit aufgeschütteten Beeten arbeiten, können im Herbst in der Mitte der Beete graben oder bei der Wiederanlage der Beete Rohmaterial zugeben, wobei im Spätsommer wieder umgegraben wird.

Küchenabfälle müssen tief genug eingegraben werden, damit aasfressende Tiere nicht herankommen.

Kompostlöcher werden mit einem Greifgrabgerät 30

KOMPOSTLÖCHER: Mit einem Greifgrabgerät werden an günstig gelegenen Stellen im Garten 30 cm tiefe Löcher ausgehoben, die mit pflanzlichen Abfällen oder Essensresten gefüllt und mit einer Lage guten Mutterbodens bedeckt werden.

cm tief an günstig gelegenen Stellen ausgehoben – zwischen den Reihen, in Wegen, die später bepflanzt werden sollen (siehe oben) oder bei Pflanzen, die die ganze Zeit an einer Stelle bleiben (z. B. Pastinak, Tomaten und Paprika). Heben Sie mehrere Löcher im voraus aus, damit Sie jeweils Platz für die Küchenabfälle des Tages haben.

Die Nachteile bei Kompostgräben und -löchern bestehen darin, daß gegraben werden muß, was manchmal härtere Arbeit bedeutet als das Wenden eines Komposthaufens, daß mehr Gartenplanung erforderlich ist und daß das Risiko eines vorübergehenden Stickstoffverlusts im Boden besteht (legen Sie die Gräben oder Löcher nicht zu nahe an wachsenden Pflanzen an; halten sie einen Sicherheitsabstand von etwa 30 bis 45 cm ein). Und bei aller Bequemlichkeit entsteht weder in den Gräben noch in den Kompostlöchern Kompost, der sich als Mulch (Bodenbedeckung), zur reihenweisen Seitendüngung oder als Topferde verwenden läßt. Der Vorgang ist jedoch mit Sicherheit einfach und beinhaltet keine Sorgen um das richtige Kohlenstoff/Stickstoff-Verhältnis des Materials, kein Wenden oder Inspizieren und keine Nutzung wertvoller Bodenfläche. Der Kompost entsteht an Ort und Stelle direkt im Garten, so daß Sie sich weiterhin die Arbeit ersparen, den Humus hin und her zu transportieren.

Nach meiner eigenen Erfahrung kann das Vergraben von Küchenabfällen, Mist und anderen Dingen den Boden schnell verbessern. Dabei bilden sich direkt im Anbaubereich tiefe Humusablagerungen, während der Boden mehr und mehr aufgelockert und aufgebrochen wird. Besonders schwerer Lehmboden läßt sich stark verbessern, wenn regelmäßig Kompostgräben oder -löcher angelegt werden.

Grubenkompostierung:
Das ist eine weitere anaërobische Methode. Im Vergleich zu den Gräben jedoch ist die Grube größer und im allgemeinen auf Dauer angelegt. Gräben können Sie kreuz und quer im Garten anlegen, doch eine Grube sollte sich an einer abseits gelegenen, aber bequem zugänglichen Stelle befinden – vielleicht in der Nähe der Küche oder Scheune, je nach dem, was Sie kompostieren wollen.

Für die Grubenkompostierung braucht man viel Zeit und einen ständigen Platz, doch wenn die Grube erst fertig und gefüllt ist, hat man keine Arbeit mehr damit.

Bei der Grubenkompostierung werden zur Zersetzung in beträchtlichem Umfang die Dienste von in der Natur vorkommenden Würmern und Bodenbakterien in Anspruch genommen. Es ist nicht erforderlich, das Material zu wenden oder in Lagen einzubringen, wobei allerdings beim Aushub der Grube schwere Grabarbeit zu leisten ist. Die Zersetzung dauert lange und ist ungleichmäßig, besonders wenn große Mengen Küchenabfälle Verwendung finden. Es ist nichts Ungewöhnliches, wenn man in Kompostgruben mit anscheinend völlig zersetztem Material gräbt und Taschen mit unverarbeitetem, schleimigem Abfall findet.
Am besten ist es, wenn man zwei Gruben hat oder zusätzlich zu einer Arbeitsgrube noch irgendeine andere Kompostierungsmöglichkeit. Auf diese Weise kann man die zweite Grube oder den zweiten Verschlag füllen, während der Inhalt der ersten Grube der Zersetzung entgegengeht.
Anders als bei den Gräben entsteht bei der Grubenkompostierung Humus für die Bodenbedeckung und Seitendüngung, obgleich das Material zu keiner Zeit sterilisierende Temperaturen erreicht. Genaue Anweisungen zum Bau und zur Unterhaltung einer Kompostgrube finden sich im nächsten Kapitel, „Kompostbehälter".

Flächenkompostierung:
Das ist die einfachste aller Methoden zum Bodenaufbau. Es ist zunächst auch einmal die natürlichste Methode, als sie nämlich die Natur nachahmt, die organisches Material direkt auf der Erdoberfläche ablagert. Kompostierbare Substanzen werden einfach im Garten oder unter der Tropflinie von Bäumen verteilt oder aufgehäuft.
Bei der Flächenkompostierung gibt es zwei Formen. Das verteilte Material – Heu, Pflanzenabfälle oder Mist – kann einmal 10 bis 30 cm untergepflügt werden, wo es durch die Aktivität von Würmern und Mikroorganismen langsam verrottet. Oder das organische Material bleibt als dauernde Bodenbedeckung an der Oberfläche liegen, wo es sich noch langsamer zersetzt.
Die Flächenkompostierung mit Unterpflügen ist besser für den Bauernhof geeignet als für den Hausgarten, weil dabei normalerweise große Stücke Land blockiert sind, deren Bepflanzung zu Gunsten der Bodenverbesserung verzögert oder zurückgestellt wird. Jedoch können Gärtner mit großen Grundstükken im Herbst oder Frühjahr reichlich Mist streuen, der sofort untergepflügt werden sollte, damit der Verlust an Nährstoffen durch Auslaugung möglichst gering bleibt. Wenn jedoch im Frühjahr frischer Mist oder Grünzeug untergepflügt wird, müssen die Substanzen mindestens einen Monat lang vom Boden aufgenommen werden, bevor mit dem Pflanzen begonnen wird.
Die Flächenkompostierung mit frischem organischem Material trägt immer das Risiko in sich, daß sich bei der Verrottung ein vorübergehender, aber ärgerlicher Stickstoffmangel ergibt. Am sichersten ist es, die betroffenen Flächen abwechselnd zu kompostieren und gärtnerisch zu nutzen. Nur wenige Heimgärtner dürften jedoch so viel Land ihr eigen nennen.

Wenn Sie ein Grundstück haben, das Sie einer Flächenkompostierung unterziehen wollen, probieren Sie die folgende Methode aus, die zwar aufwendig, aber wirkungsvoll ist. Mähen Sie als erstes alle Pflanzen ab. Streuen Sie dann gleichmäßig eine Lage organisches Material auf die Fläche. Das kann Heu sein, Mist und Streu, Maiskolben, Silage oder irgendeine andere organische Substanz. Verstreuen Sie das Material gleichmäßig. Säen Sie als nächstes mit breitem Wurf einen oder mehrere Bodenzusätze aus – Apatitgestein, Grünsand, granulierte Algen oder Granitstaub (tragen Sie dabei eine geeignete Schutzmaske). Graben Sie mit Bodenfräse oder Spaten alles mindestens 10 cm tief unter. Lassen Sie alles gut verrotten, bevor Sie das Stück Land einsäen oder Pflanzen dorthin umsetzen. Je nach den Wetterbedingungen und dem untergegrabenen Material dauert dieser Prozeß einige Monate oder länger.

Die Flächenkompostierung eignet sich am besten für sehr große Gärten und Äcker.

Alle Arten von Gesteinsstaub können auf diese Weise sicher und wirkungsvoll zugesetzt werden. Sie reagieren langsam und führen nicht zum Verbrennen und Vergiften der Pflanzen, wie es bei schnellwirkendem Kunstdünger der Fall sein kann. Die aufzubringenden Mengen richten sich nach dem Gehalt ihres Bodens an Mineralien, doch als allgemeine Richtlinie bei der Verwendung von Gesteinsstaub werden etwa 250 bis 500 Gramm pro Quadratmeter Anbaufläche aufgebracht. Eine ähnliche Menge gilt auch für granulierte Algen.

Die Flächenkompostierung durch das Verstreuen von Material hat ein paar offensichtliche Nachteile. Das Einbringen von frischer organischer Substanz kurz vor der Pflanzzeit bedeutet die Gefahr einer Stickstoffbindung; es steht kein als Topferde oder für die Seitendüngung geeigneter Kompost zur Verfügung; die organische Substanz muß mechanisch mit einer Fräse oder einem Pflug untergepflügt oder mit dem Spaten

untergearbeitet werden. Außerdem überstehen Unkrautsamen und für Pflanzen schädliche Keime die bei der Verrottung auftretenden niedrigen anaërobischen Tamperaturen unversehrt.
Auf der anderen Seite hat die Methode den entschiedenen Vorteil der Einfachheit. Das Material wird aufgebracht und eingearbeitet, es braucht nicht weiter bearbeitet oder überwacht zu werden. Es gibt noch weitere Vorteile: Große Mengen organischer Substanz können direkt und schnell in den Boden eingebracht werden; der Zersetzungsprozeß wärmt den Boden durch und gibt Kohlendioxid direkt in den Wurzelbereich ab; die Bodenorganismen erhalten Nährstoffe aus erster Hand, anstatt Substanzen, die bereits von den Bewohnern des Komposthaufens verdaut wurden; und frischer Mist, der normalerweise billig in großen Mengen zu haben ist, hat – wenn er nicht durch Regen ausgelaugt ist – einen höheren Gehalt an löslichem Stickstoff und Pottasche als der Humus in einem traditionellen Komposthaufen.

Permanente Bodenbedeckung:
Diese Abart der Flächenkompostierung hat vielen Gärtnern geholfen, ihren Boden zu verbessern und gleichzeitig Unkraut und Austrocknung zu bekämpfen. Bekanntgemacht von der verstorbenen Ruth Stout als das „System ohne Arbeit", besteht die Methode der permanenten Bodenbedeckung im allgemeinen aus dem jährlichen Aufbringen einer dichten Decke aus Heu, Stroh oder trockenem Laub. Man bringt dieses Material auf, läßt es sich setzen und fügt dann dauernd weiteres Material zu, bis die Decke eine Dicke von mindestes 18 cm hat.
Langsam geht die Zersetzung vor sich, indem Würmer kleine Stücke organischer Substanz nach unten in die Erde ziehen und Bodenbakterien an dem Material arbeiten, das direkt auf dem Boden liegt. In der

Wachstumsperiode können auch noch stickstoffreiche Zusätze wie Sojabohnenmehl gegeben werden, um den Pflanzenwuchs zu fördern.
Durch den dauernden Aufbau von organischer Substanz und die Tätigkeit von Würmern wird der Boden unter der Decke, obwohl er nie gepflügt oder umgegraben wird, im Verlauf der Jahre immer lockerer und humusartiger.
Zum Pflanzen in einem Garten mit permanenter Bodenbedeckung entfernen Sie die Bedeckung zu Anfang des Frühjahrs, damit der Boden sich erwärmen kann. Dann säen oder pflanzen Sie wie gewohnt und bringen die Bedeckung mit fortschreitendem Pflanzenwuchs wieder um die Stiele der Pflanzen herum auf.
Eine permanente Bodenbedeckung reichert langsam den Boden an, bewahrt die Feuchtigkeit, schützt durch Beschränkung der Lichtzufuhr gegen Unkrautwuchs und hält die Bodentemperaturen in einem engen Rahmen. Und, wie Ruth Stout gern darlegte, eine permanente Bodenbedeckung enthebt den Gärtner für alle Zeiten der Notwendigkeit zu hacken, zu pflügen oder zu graben.
Aber die Methode hat auch ihre Nachteile. Wenn Sie nicht zufällig eine Gratisquelle haben, werden Sie eine Menge Zeit aufwenden und Geld ausgeben müssen, um das Material für die Bodenbedeckung aufzutreiben. Selbst verdorbenes Heu ist heutzutage nicht mehr billig. Und wenn Sie ihr gesamtes Grundstück mit organischem Material bedecken, bedeutet das, daß neben der Anbaufläche auch unproduktive Flächen wie etwa Wege erfaßt werden. Und in einem herkömmlichen Garten machen Wege bis zu 40 Prozent der Gesamtfläche aus.
Ein Garten mit permanenter Bodenbedeckung kann Sie daher dazu zwingen, Pflanzen in Reihen anzubauen, wodurch Sie für weniger Nahrung mehr Platz

Eine dichte und dicke permanente Bodenbedeckung enthebt Sie jeglicher Notwendigkeit, Unkraut zu jäten oder den Garten zu gießen, und führt dem Boden sehr langsam organisches Material zu.

FLÄCHENKOMPOSTIERUNG: Sämtliche Pflanzen werden mit einer Sense abgemäht (links oben). Auf der gesamten Fläche wird gleichmäßig organisches Material verteilt und Bodenzusätze ausgestreut (links unten). Alles wird mindestens 10 cm tief in den Boden eingearbeitet (oben). Bis zum Pflanzen mehrere Monate verrotten lassen.

benötigen als in einem Intensivgarten mit Beeten oder selbst einem herkömmlichen Garten mit weiten und engen Reihen. Doch wenn Ihr Boden einen geringen Gehalt an organischer Substanz hat und wenn Sie Zugang haben zu beträchtlichen Mengen Material für die Bodendeckung und über eine relativ große Gartenfläche verfügen, dann könnte der arbeitsfreie Garten mit permanenter Bodenbedeckung für Sie das Richtige sein.

Alle bis jetzt genannten Methoden – der klassische Indore-Komposthaufen, Gräben, Kompostlöcher,

GARTEN MIT PERMANENTER BODENBEDEKKUNG: Eine Lage Heu oder Stroh von wenigstens 15 cm Dicke ergibt eine permanente Bodenbedeckung, die Unkraut und Austrocknung bekämpft und den Boden langsam anreichert.

Grubenkompostierung, Flächenkompostierung und permanente Bodenbedeckung sind Beispiele für die langsame Zersetzung unter niedrigen Temperaturen. Sie ergeben Humus in großen Mengen, aber nur über einen relativ langen Zeitraum. Zeit ist allerdings oft eine Sache, von der Gärtner nicht allzu viel haben, so daß Sie vielleicht schneller Kompost bereiten möchten.

Schnelles Kompostieren

Die Techniken für eine schnelle und heiße Kompostbereitung gingen aus Forschungsvorhaben hervor, die am Institut für Sanitärtechnik der Universität von Kalifornien in Berkeley durchgeführt wurden. Diese Arbeit, die in den frühen 50er Jahren stattfand, stand unter der Leitung des Abfallverarbeitungsexperten und Forschungsbiologen Dr. Clarence G. Golueke. Es sollte untersucht werden, ob sich Kompostierungstechniken zur Wiederaufbereitung städtischen Mülls verwenden ließen.

Obgleich die Untersuchungen sich mit dem Kompostieren im großen Rahmen befaßten, kam dabei auch eine Schnellkompostierungsmethode heraus, die sich in idealer Weise für den Gärtner und Kleinbauern eignet. Golueke bewies, daß richtig zusammengesetzte organische Substanz in nur 12 Tagen in fertigen Kompost umgewandelt werden kann (er verwendete Gartenabfälle, Essensreste und trockenes Laub in einem Experiment).

Schnelles Kompostieren erfordert mehr Arbeit, zeigt aber auch schneller als andere Methoden Ergebnisse.

Natürlich ist bei dieser Technik mehr Aufmerksamkeit und Arbeit erforderlich als bei dem langsam arbeitenden Indore-Komposthaufen, doch die dabei zu beachtenden Grundregeln sind recht einfach:

- Das Ausgangsmaterial muß ein richtig ausgewogenes Kohlenstoff/Stickstoff-Verhältnis haben. Vier Teile pflanzliches Material auf einen Teil Mist, falls vorhanden, ist ein grober Anhaltspunkt.
- Je mehr verschiedene Materialien Verwendung finden, desto wirkungsvoller ist der Kompostierungsprozeß insgesamt. Mikroorganismen lieben ein abwechslungsreiches Essen.
- Der Haufen sollte auf einmal angelegt werden, nicht über mehrere Tage oder Wochen verteilt. Damit soll der Stickstoffgehalt der Materialien erhalten werden. Wenn Sie den Haufen nicht auf

einmal anlegen können, sollten Sie ihn jeweils abdecken und insbesonders gegen Regen schützen.

- Es ist zwar nicht absolut unerläßlich, einen Verschlag zu verwenden, doch erzielt man damit die besten Ergebnisse. Mit Hilfe irgendeiner Art von Einfassung können Sie den Haufen höher machen, wodurch Sie mehr Masse erhalten. Daneben hält ein Verschlag das Material vom „Wandern" ab, wenn Sie den Haufen wenden, und bietet Schutz gegen austrocknende Winde und Aasfresser.
- Die Mindestgröße für einen Komposthaufen

DIE RICHTIGEN ABMESSUNGEN DES KOMPOSTHAUFENS FÜR SCHNELLES KOMPOSTIEREN: Um die besten und schnellsten Ergebnisse zu erzielen, sollte der fertige Komposthaufen bei 90 cm Höhe mindestens 90 cm im Quadrat messen. Dafür ist eine Anfangshöhe von 120 cm erforderlich. Dann hat der Komposthaufen ausreichend Masse, um sich auf die optimale Temperatur aufzuheizen.

beträgt etwa 90 × 90 × 90 cm. Das ist dann allerdings die Größe des fertigen Haufens. Organische Substanz setzt sich nach dem Aufhäufen und verliert fast die Hälfte ihrer ursprünglichen Höhe. Am besten ist es, den Haufen zu Beginn etwa 120 cm hoch zu machen. Dieses Mindestmaß ist erforderlich, damit genügend Masse zum Erwärmen sowie eine gewisse Selbstisolierung vorhanden ist. Wenn Sie jedoch in einer Gegend mit kaltem Klima leben oder erst im Spätherbst mit dem Kompostieren beginnen, sollte der Haufen noch größer sein, um die niedrigen Lufttemperaturen wettzumachen.

- Zu Beginn kann das Material wie bei der Indore-Methode in Lagen eingebracht werden, damit es im Hinblick auf Feuchtigkeit und Kohlenstoffgehalt richtig proportioniert wird; es kann aber auch sorgfältig vermischt werden.
- Um die schnellstmögliche Zersetzung zu erreichen, muß der Haufen durchlüftet werden, indem man ihn von Beginn an alle zwei oder drei Tage wendet. Ein Wenden in längeren Zeitabständen zögert den Kompostierungsprozeß hinaus. Ein häufigeres Wenden – etwa täglich – kann die Verrottung etwas beschleunigen, doch öfter als einmal täglich braucht nicht gewendet zu werden.
- Sämtliches zu kompostierendes Material sollte zerkleinert werden, bevor es zum Haufen gegeben wird. Je kleiner die Teile sind, desto schneller verläuft der Zersetzungsprozeß.

Das Material für einen schnellen Komposthaufen muß zerkleinert werden, aber nicht mit der Gartenhacke – die ist zu leicht.

Vielleicht läßt dieser letzte Satz Sie glauben, daß Sie einen motorgetriebenen Zerkleinerer benötigen, doch dem ist nicht so; all das läßt sich in ausreichendem Maße mit einfachen Handwerkzeugen erledigen. Wichtig dabei ist nur, daß alles gröbere Material vor dem und während des Kompostierens zerkleinert wird. Stengel und Stiele lassen sich schnell mit einem

TEMPERATUR PRÜFEN: Wenn kein Bratenthermometer zur Verfügung steht, kann man auch mit Hilfe eines Eisenrohrs, das mitten in den Komposthaufen gesteckt wird, feststellen, ob der Haufen warm genug wird. Wenn das Rohr nach zehn Minuten zu heiß zum Anfassen ist, arbeitet der Komposthaufen ordnungsgemäß.

Buschmesser oder Beil in etwa 20 cm große Stücke zerhacken. Trockenes Laub, Mist oder Klumpen von Heu und Stroh können mit einer 10 Pfund schweren Breithacke oder Rodehacke auseinandergeschlagen werden (eine normale ist zu leicht dafür und würde brechen). Sie können auch mit Ihrem Rasenmäher über Haufen aus verfilztem Laub fahren und das zerschnittene Material gegen eine Wand oder einen Zaun aufschichten.

Selbst nach einer derartigen Vorbereitung kann das Material in Ihrem Komposthaufen immer noch zusammenbacken. Nehmen Sie in diesem Fall wieder die Hacke und arbeiten den Haufen alle zwei oder drei Tage damit durch. Nehmen Sie nicht einfach eine Forke, um das Zeug von einer Stelle zur anderen zu

schaffen. Je mehr Sie die Teilchen zerkleinern und die Masse durchlüften können, desto eher haben Sie Humus anstelle von Rohmaterial.
Um in zwei Wochen fertigen Kompost zu bekommen, ist es zweckmäßig, den Haufen am zweiten, vierten, siebten und zehnten Tag nach dem Anlegen zu wenden.
Richten Sie sich nach einem Thermometer, solange Sie noch nicht genügend Erfahrung haben. Sie können die Temperatur des Komposthaufens messen, indem Sie beispielsweise ein Braten- oder Einmachthermometer in das Zentrum des Haufens stecken. Oder Sie nehmen, wenn Sie nicht über ein derartiges Thermometer verfügen, ein Eisenrohr, stoßen es in den Kern des Komposthaufens, warten 10 Minuten, und wenn das Rohr dann zu heiß zum Anfassen ist, wissen Sie, daß der Komposthaufen sich ausreichend erwärmt hat. Am zweiten oder dritten Tag sollte der Haufen eine Temperatur von 43 bis 49 ° C erreicht haben, am vierten oder fünften Tag sollten es 54 bis 71 ° C sein (und manchmal auch mehr), und in diesem Bereich sollte die Temperatur bleiben, während der Zersetzungsprozeß seinem Höhepunkt entgegengeht. Danach fällt die Temperatur allmählich (etwa um den zehnten Tag, das kommt auf die Häufigkeit des Wendens an) auf etwa 43 ° C. Der Komposthaufen ist „durch", wenn weiteres Wenden die Temperatur nicht mehr über 43 ° C hinausbringt.
Man kann das Material noch weiter altern, doch läßt es sich jederzeit gefahrlos im Garten anwenden, wenn die Temperatur auf 43 ° C oder tiefer gesunken ist.
Das Wenden und Durcharbeiten eines Komposthaufens nach diesem Zeitplan ist gut für den Kreislauf, was nur ein beschönigender Begriff für harte Arbeit ist. Für einen Haufen von 90 × 90 ×240 cm braucht man die ersten paar Mal etwa 45 Minuten; da das Material verrottet, geht es später etwas schneller.

Aber diese körperliche Anstrengung und die systematische Aufmerksamkeit, die man der heißen und schnellen Kompostbereitung zollen muß, sind die einzigen Nachteile. Die Vorteile sind weithaus zahlreicher.

Die beim Schnellkompostieren erreichten hohen Temperaturen töten Unkrautsamen und Krankheitskeime ab, so daß der Kompost im Endeffekt pasteurisiert ist.

Dr. Golueke sagt, daß beim schnellen, heißen Kompostieren „die hohen Temperaturen nicht nur erreicht werden, nein, sie halten tagelang an und sorgen für eine vollständige Sterilisation". Forscher an der Universität von Kalifornien fanden heraus, daß Kompost, der natürlich bei 55 ° C „kocht", in den ersten 24 bis 48 Stunden bis auf die widerstandsfähigsten alle Krankheitskeime (pflanzlich und menschlich) und Fliegenlarven abtötet.

Und Hitze, sagt Golueke, ist nicht der einzige Faktor, wenn es darum geht, Krankheitserreger umzubringen. Pilze und Aktinomyceten (eine Bakterienart) im Komposthaufen produzieren in der heißen Phase natürliche antibiotische Substanzen, die für ein gesundes Boden- und Pflanzenleben wichtig sind.

Bei Temperaturen zwischen 49 und 71 ° C werden auch Unkrautsamen vernichtet, ein bedeutender Vorteil des heißen Kompostierens gegenüber der langsamen Methode oder der Flächenkompostierung. Beim Aufbringen von Mist oder Dung bringt man auch all die Unkrautsamen mit auf, die heil durch den Darmtrakt der Tiere gekommen sind. Das häufige Wenden bei der heißen Kompostbereitung garantiert, daß der Unkrautsamen in der Hitze sein Leben aushaucht.

Heißer Kompost ist ein Zeichen für die lebhafte Aktivität von Kleinlebewesen. Thermophile Bakterien (diejenigen, die bei Temperaturen zwischen 45 und 70 ° C leben) vermehren sich schneller als ihre mesophilen Verwandten (die bis zu 40 ° aktiv sind) und entwikkeln eine größere enzymatische Aktivität. Dr. W. D. Bellamy, Mikrobiologe, sagt, daß „die Bakterien, die die chemischen Reaktionen in einem Komposthaufen durchführen, bei hohen Temperturen schneller arbeiten als bei niedrigen. Was bei niedrigen Temperaturen viele Monate braucht, geht bei hohen in nur wenigen Wochen".

Außerdem brauchen Sie sich bei der schnellen Kompostbereitung keine Sorgen wegen beleidigender Düfte zu machen. Küchenabfälle, die in das Innere eines heißen Komposthaufens gegeben werden, werden innerhalb weniger Tage verarbeitet (größere Abfälle wie Äpfel, ganze Kartoffeln, verdorbene Orangen, Stengel und ähnliches müssen vorher zerkleinert werden). Geben Sie alle Essensreste gut vermischt in das Innere des Haufens, und Sie haben keine Probleme mit Aasfressern oder Fliegen, weil kein Geruch vorhanden ist, der sie anziehen könnte.

Wenn Sie verschiedene Materialien zum Kompostieren zusammenbringen, können deren pH-Werte zunächst in einem weiten Bereich zwischen sauer und alkalisch liegen. Doch durch die heiße Kompostierung werden diese Unterschiede schnell ausgeglichen. In der thermophilen Phase (45 bis 70 ° C) fällt der Gesamt-pH-Wert des Haufens auf 4,5 bis 5,0. Sobald die Temperatur über 54 ° C hinausgeht, wird der pH-Wert alkalischer, zwischen 7,5 und 8,5. Und wenn der Verrottungsprozeß beendet ist, liegt der pH-Wert des Komposts zwischen neutral und leicht alkalisch – der richtige Bereich für die meisten Pflanzen.

Die in einem heißen Komposthaufen entstehenden Huminsäuren halten die Spurenelemente in einer Form, in der sie von den Pflanzenwurzeln aufgenommen werden können.

Heißer Kompost produziert weiterhin reichlich Huminsäuren. Das sind natürliche chelatbildende Verbindungen, die die Ionen von Spurenelementen – Kupfer, Eisen, Mangan und Zink – absorbieren und so umformen, daß die Pflanzen sie als Lösung aufnehmen können. Ohne diese Huminsäuren würden diese Nährstoffe in einer Form chemisch gebunden bleiben, in der sie für die Planzen nutzlos sind.

Die Produktion von Huminsäuren ist vielleicht der wichtigste Vorteil von heißem Kompost. Diese Substanzen haben sozusagen die Funktion von Lagerhäusern, in denen verschiedene Elemente bevorratet werden, bis der Boden sich erwärmt und die Pflanzen stärker wachsen. In diesem Augenblick greifen Pilze und Bakterien die Chelate an und lösen die darin gelagerten Nährstoffe heraus.

Russische Forscher haben berichtet, daß die Huminsäuren und ihre Derivate die Aufnahme von Nährstoffen fördern, indem sie die Durchlässigkeit der Membranen in den Pflanzen vergrößert. Und noch eine andere Untersuchung zeigte, daß Huminsäuren nicht nur die Bodenanhäufung anregen, sondern auch die Dauerhaftigkeit der bereits gebildeten Krume vergrößert (mehr darüber weiter hinten im Kapitel „Wirkung des Komposts auf den Boden").

Schnelles, heißes Kompostieren weist also offensichtlich beträchtliche Vorteile auf. Außerdem kann diese Technik sich als segensreich für Sie erweisen, wenn Sie in der Stadt oder in einer Vorstadt ein kleines Grundstück haben und die Nachbarn dicht daneben wohnen. In diesem Fall haben Sie wahrscheinlich weder den Platz für einen großen Indore-Komposthaufen, noch können Sie ein Jahr oder länger warten, bis wieder ein Haufen Kompost fertig ist. Mit der schnellen Kompostierung können Sie in jeder Gartensaison mehrere Ladungen Humus bereiten, indem Sie einfach das Material verwenden, das Sie direkt in der Nachbarschaft finden, oft sogar bequem in Säcken am Straßenrand (gemähtes Gras und Laub).

Mit nur drei Komposthaufen pro Saison (jeweils etwa 90 × 90 × 90 cm) zwischen Frühjahr und Herbst können Sie etwa 13½ Zentner Humus erzielen. Das reicht aus, um drei Beete von jeweils 1,50 mal 6 Meter acht Zentimeter hoch mit Kompost zu bedecken!

Kompostbereitung in der Wohnung

Sie können wirklich in der Wohnung Kompost bereiten. Die Methode und die Menge an Humus hängen dabei von Ihren Lebensumständen ab. Haben Sie eine Gartenwohnung mit einem Patio oder einem kleinen Hof? Vielleicht haben Sie auch einen Dachgarten. Wenn ja, können Sie wahrscheinlich einen festen Verschlag von etwa 90 × 90 × 120 cm unterbringen (im nächsten Kapitel, „Kompostbehälter", finden Sie Bauanleitungen).

Doch auch diejenigen Leser, die in beengteren Verhältnissen leben, können Küchenabfälle in Kompost umwandeln – direkt in der Küche. Für diese einfache, aber wirkungsvolle Methode brauchen Sie mehrere 20-Liter-Plastikeimer mit Deckel. Das können Abfalleimer oder leere Farbeimer sein. Bleiben Sie bei 20 Litern; alles, was viel größer ist, wird zu schwer, wenn es voll mit Humus ist. Alle Eimer sollten Henkel haben, damit sie sich besser transportieren lassen.

Füllen Sie einen Eimer mit gewöhnlicher Erde, nicht mit sterilisierter Topferde, pasteurisiertem Mutterboden oder dem Torfhumus, der in Blumenläden verkauft wird. Sie wollen doch Erde, in der es von Mikroorganismen wimmelt. Graben Sie im Garten Ihrer Bekannten oder in einem Waldstück. Oder fragen Sie bei der zuständigen Stelle an, ob Sie auf öffentlichem Besitz graben dürfen.

Der Schlüssel zu einer erfolgreichen Kompostbereitung in der Wohnung liegt darin, die geeigneten Küchenabfälle sofort zu verwenden, bevor sie schlechte Gerüche entwickeln können.

Stellen Sie die leeren und den mit Erde gefüllten Eimer nebeneinander an einen geeigneten Platz in Ihrer Küche. Ein Geschirrschrank oder kleiner Einbauschrank reicht; Sie können die Eimer auch unter einen Tisch stellen. Jetzt brauchen Sie noch einen Spatel oder eine Kelle.

Das Erfolgsgeheimnis beim Kompostieren in der Wohnung besteht darin, die Reste *sofort* zu verwenden, und zwar zerkleinert. Für diesen Zweck leistet ein

KOMPOST IM DACHGARTEN: In einem Dachgarten kann man den Kompostverschlag gut hinter einem eingetopften Baum verstecken.

scharfes Messer oder Hackmesser gute Dienste, ideal ist jedoch ein Mixer oder eine Küchenmaschine; damit läßt sich die Sache in Sekunden erledigen, wobei selbst faserige Stiele zu Brei werden. Reste, die mit dem Messer zerschnitten werden, sind genauso brauchbar, benötigen aber mehr Zeit, um zu Kompost zu werden. Nehmen Sie die Reste, die sich am Tag so ansammeln – wenn Sie wollen, auch nach jeder Mahlzeit –, und verrühren Sie alles zu einem flüssigen Brei, notfalls unter Zugabe von etwas Wasser. Verwenden Sie keine Knochen, Fleisch- oder Fischreste, weil deren Zersetzung zu lange dauert und weil dabei möglicherweise ein unangenehmer Geruch entsteht. Mischen Sie jedoch alles andere – Eierschalen, Obst- und Gemüsereste, Kaffesatz und Teeblätter. Gießen Sie dieses Gebräu in den leeren Eimer und bedecken Sie es mit etwa 2,5 cm Erde. Geben Sie mindestens einmal am Tag frisches Material zu und bedecken Sie es jedesmal mit einer neuen Schicht Erde. Rühren Sie den Inhalt täglich mit einem Spatel oder einem Stock um, damit

KOMPOSTEIMER FÜR DIE WOHNUNG: In der Wohnung lassen sich alle Küchenabfälle in einem 20-l-Eimer kompostieren, der irgendwo in der Küche oder auf der Terrasse verstaut wird.

viel Sauerstoff zugeführt wird (dieses Umrühren entspricht dem Wenden eines großen Komposthaufens mit der Forke).

Diese Kompostierungsmethode ist zwar aerobisch, doch die Mischung entwickelt keine besondere Wärme. Befolgen Sie die obigen Hinweise, damit die Aeroben gesund bleiben, und sorgen Sie dafür, daß die Brei-Erd-Mischung immer feucht und niemals wassergetränkt ist oder zuwenig Sauerstoff bekommt.

Wenn Sie den Eimer zum Schutz vor neugierigen Katzen und kleinen Kindern abdecken wollen, sollten Sie den Deckel lose auflegen oder vor dem festen Verschließen Löcher hineinstanzen.

Beginnen Sie mit einem neuen Komposteimer, wenn der erste zu zwei Drittel gefüllt ist. Stellen Sie den vollen Eimer an die Seite, während der zweite gefüllt wird, rühren Sie den Inhalt aber noch gelegentlich um, um zu sehen, wie weit die Humusbildung fortgeschritten ist. Der Kompost sollte in etwa zwei Wochen fertig sein. Untersuchen Sie ihn. Sie dürften nicht mehr in der Lage sein zu sagen, woraus die Masse ursprünglich zusammengesetzt war (bis auf ein paar Eierschalenreste vielleicht). Die Erde sollte krümelig und humusartig aussehen. Geben Sie sie an ihre Zimmerpflanzen, in ihre Blumenkästen oder bringen Sie sie in einem Eimer in Ihren Gemeinschaftsgarten.

Das Kompostieren in der Wohnung ist einfach, praktisch und produktiv und läßt Sie gleichzeitig den Kontakt mit der Natur nicht verlieren. Die beschriebene Methode bietet Ihnen nicht nur eine Möglichkeit, Abfall in wertvolle Hilfsmittel umzuwandeln, sondern stellt auch ein ausgezeichnetes Lernprojekt für Kinder dar.

Die Wahl der richtigen Methode

Die Wahl zwischen diesen Methoden – schnelles oder langsames Kompostieren – fällt nicht leicht, es sei denn, Sie leben in einer Wohnung, in der Sie von vornherein nur wenige Möglichkeiten haben. Jede Methode hat ihre Vor- und Nachteile. Zur Verbesserung und Erhaltung Ihres Bodens ist es natürlich am besten, wenn Sie zwei oder drei der Hauptkompostierungsmethoden zu einem organisierten Programm zusammenstellen können. Das setzt jedoch voraus, daß Sie dafür Platz, ausreichend organisches Material und jede Menge Zeit haben. Hier ist ein Beispiel für einen ausgezeichneten Zeitplan für die ganzjährige Kompostierung:

Herbst:
Beginnen Sie mit der Flächenkompostierung, indem Sie viel organisches Material in die oberste Schicht des Gartenbodens einarbeiten. Lassen Sie die Oberfläche rauh und uneben, damit Frost und Tauwetter den Boden auflockern und Insekteneier und Larven vernichten können. Legen Sie zu etwa der gleichen Zeit, mindestens einen Monat vor dem ersten starken Frost, einen schnell arbeitenden Komposthaufen an. Wenn der Kompost nach zwei oder drei Wochen fertig ist, stellen Sie etwas davon als Topferde für das nächste Frühjahr an die Seite. Decken Sie den Rest des Komposts ab, damit der Regen die Nährstoffe nicht auswäscht.

Frühjahr:
Machen Sie wieder eine Flächenkompostierung, aber mindestens einen Monat vor dem Pflanzen. Reichern Sie den Boden für Ihre Frühpflanzen mit Kompost vom letzten Herbst an.

Frühsommer:
Legen Sie zwischen der Hauptpflanzzeit und der Ernte einen großen Komposthaufen nach der Indore-Methode an. Stellen Sie sich darauf ein, diesen Haufen ungestört und abgedeckt bis zum folgenden Frühjahr liegenzulassen, dann wird er Sie mit jeder Menge Humus versorgen.
Eine andere Möglichkeit besteht darin, im Herbst und im Frühjahr eine Flächenkompostierung wie oben durchzuführen und dann im Hochsommer entweder einen oder mehrere schnelle Komposthaufen anzulegen oder einen nach der Indore-Methode.
Worauf es ankommt, ist Kompost, Kompost und noch mehr Kompost! Sie können aus Ihrem Garten nicht herausholen, was Sie nicht vorher hineingesteckt haben.

Kompostbehälter

Einfassungen für Kompost sind eine Sache, bei der hingebungsvolle organische Gärtner ihrer Vorstellungskraft und ihren architektonischen Phantasien oft freien Lauf lassen. Die Vorschläge und Gehege umfassen die ganze Skala von wild zusammengehauenen Einfassungen aus alten Latten und Zaundraht bis zu professionell errichteten Bauten aus Betonblöcken mit sorgfältig vermörtelten Fugen, Türen und unterirdischen Auffangbecken für austretendes nährstoffreiches Wasser.

Welche Art von Kompostbehälter braucht Ihr Garten? Vielleicht überhaupt keinen. Organische Substanz verrottet, ob sie sich nun in irgendeiner Art von Gehäuse befindet oder nicht. Hat nicht der Schutzheilige des Komposts, Sir Albert Howard, seine klassischen Komposthaufen direkt auf dem Erdboden angelegt? Guter Kompost hängt davon ab, daß man die richtige Auswahl an Materialien im richtigen Verhältnis zusammenstellt, nicht von Einfassungen oder Verschlägen.

Für manche Gärtner haben freiliegende Haufen außerdem Vorteile. So einen Komposthaufen anzulegen, ist mit Sicherheit einfacher, da man eben nur das organische Material benötigt und somit das Geld und die Zeit für den Bau eines Behälters spart.

Aber freiliegende Komposthaufen haben auch ausgesprochene Nachteile. Offene Haufen nehmen eine Menge Platz in Anspruch, was bei einem kleinen Garten einen beträchtlichen Verlust bedeuten kann.

Einer der besten Gründe dafür, Kompost mit einem Verschlag zu umgeben, ist der, daß durch die eckige Form mehr Luft an den Kompost haufen gelangt als bei einem runden Haufen.

Haufen ohne Einfassung, in denen sich Küchenabfälle befinden, können sich, wenn sie nicht sehr sorgfältig angelegt und überwacht werden, als Magnet für Aasfresser und für Ratten herausstellen. Außerdem könnten Ihre Komposthaufen, wie sorgfältig sie auch angelegt sind, allein aufgrund ihres Aussehens ein Stein des Anstoßes für Nachbarn sein, insbesondere für Nichtgärtner, die sich vielleicht krümmen, wenn sie von ihren Eßzimmerfenstern aus dampfende Haufen aus buntscheckigem Abfall sehen.
Doch wenn Ihr Garten sich auf einem großen Grundstück befindet oder wenn Sie keine oder verständnisvolle Nachbarn haben und Ihr Kompostmaterial nur wenig Küchenabfälle und Dung enthält, kann ein offener Komposthaufen ein echter Zeit- und Geldsparer sein.
Die meisten Gärtner dürften sich jedoch wohl dazu entscheiden, ihren Kompost in irgendeiner Art von Einfassung unterzubringen. Gehege und Verschläge haben zahlreiche Vorteile, die die für den Bau erforderlichen Ausgaben und Mühen wettmachen:

- Verschläge und Gehege lassen sich völlig gegen Aasfresser absichern.
- Ein gutgebauter Behälter kann eine attraktive Ergänzung für den Garten sein und, je nach der Konstruktion, seine Funktion völlig verbergen, womit das Problem der Ästhetik gelöst ist.
- Komposthaufen mit Einfassung brauchen weniger Platz. Selbst in einem kompakt angelegten Garten läßt sich eine halbe Tonne Kompost auf einer Fläche von 90 × 90 cm unterbringen.
- Verschläge und Gehege sind würfelförmig oder rechteckig, wodurch mehr Luft an das verrottete Material gelangen kann als in einem kreisförmigen Haufen.

Und schließlich erlegt ein gutgebauter Verschlag uns Gärtnern eine Art von Disziplin auf. Aufgrund seiner Bauart ist ein Kompostbehälter eine dauernde sichtbare Erinnerung für uns, uns um unseren Humus zu kümmern, regelmäßig neue Haufen anzulegen und unseren Boden zu verbessern.

Die richtige Art von Behälter

Doch was für einen Verschlag oder Behälter sollten Sie bauen? Diese Entscheidung läßt sich nicht so schnell treffen. Wie alle anderen Gartengeräte auch, sollten Kompostbehälter Ihren persönlichen Bedürfnissen und denen Ihrer Umwelt angepaßt sein. Die meisten Gärtner bauen irgend etwas, leben ein paar Jahre damit und bauen es dann um oder geben es auf zugunsten einer besser geeigneten Vorrichtung. Die folgenden Seiten sollen Ihnen einiges von dieser „Feinabstimmung" ersparen, indem die Eigenschaften verschiedener Kompostbehälter aufgezeigt werden.

Ein Kompostverschlag hält länger als ein Gehege, das dafür eher transportierbar ist.

Wichtig ist zunächst der Unterschied zwischen Verschlägen und Gehegen. Verschläge sind dauerhafte Konstruktionen aus Beton, Hohlblocksteinen oder Holz mit festen Seiten und abnehmbaren Vorderteilen. Sie sind stabil und gegen Aasfresser gesichert, aber relativ teuer und zeitaufwendig im Bau. Ihr Standort muß sorgfältig gewählt werden, weil sie ohne viel Arbeit nicht an eine andere Stelle verlegt werden können.

Gehege sind tragbare, leichte Konstruktionen aus Holzleisten oder -rahmen und Zaundraht oder Drahtgitter. Sie sind leicht abzubauen – ein Segen, wenn es an der Zeit ist, den Kompost zu wenden oder durchzuarbeiten – und lassen im allgemeinen mehr Luft an den Komposthaufen als ein Verschlag mit festen Seitenteilen. Aber ihre Tragkraft macht sie auch weniger stabil und dauerhaft.

Kompostgruben bilden eine Alternative zu oberirdischen Konstruktionen, obgleich sich auch dort manchmal Verschläge oder Gehege zur Einfassung des Lochs finden. Der Hauptvorteil einer Grube besteht darin, daß man noch bis weit in die kalte Jahreszeit hinein kompostieren kann, weil die Erde den Inhalt gegen Frost abschirmt. Bei Gruben hat man auch jederzeit Material zur Hand, mit dem Abfälle und organisches Material abgedeckt werden können. Der riesige Erdhaufen nach dem Aushub kann ebenfalls im Winter durch Abdecken gegen Frost geschützt werden, so daß kontinuierlich Material zugegeben werden kann. Kompostieren im Erdboden bedeutet weiterhin, daß Würmer leichten Zugang zu organischer Substanz haben.

Es ist jedoch schwer, Gruben anzulegen. Weil bei ihnen Erde zur Abdeckung verwendet wird, werden sie außerdem schnell anaërobisch, obgleich das nicht unbedingt schlecht ist, wenn Sie nicht gerade auf die Schnelle fertigen Kompost benötigen. Der größte Nachteil besteht darin, daß es schwierig ist, den Humus herauszuholen. Stellen Sie sich auf eine Menge Schippen und Schaufeln ein. Das fertige Material ist außerdem ziemlich schwer, weil so große Mengen Erde daruntergemischt sind. Die Grubenkompostierung ist mit Sicherheit nicht die richtige Methode für jemanden, der Schwierigkeiten mit dem Rücken hat.

Gruben eignen sich am besten für diejenigen Gärtner in Gegenden mit strengen Wintern, die ihre Kompostierungszeit verlängern möchten, und natürlich für diejenigen, die den Platz für eine Grube und Freude am Schaufeln haben.

Größe und Standort

Wie groß muß Ihr Behälter sein? Die kleinste praktische Größe ist, wie wir gesehen haben, etwa dreiviertel Kubikmeter. Nach der Verrottung ergeben sich daraus etwa 230 kg Kompost (das genaue Gewicht hängt vom kompostierten Material und vom Feuchtigkeitsgehalt des Haufens ab). Diese Menge von knapp einer Vierteltonne klingt nach viel Humus, doch sie reicht gerade aus, um knapp 10 Quadratmeter mit 7 cm Kompost zu bedecken oder um drei Beete von je etwa 1,50 × 6 m mit einer Schicht von 2,5 cm zu versehen.

Ein 90x90 cm großer Verschlag voll mit Kompost reicht für eine einmalige Anwendung auf 46 Quadratmetern.

KOMPOST FÜR STADTBEWOHNER: Gärtner in der Stadt, die über einen kleinen Hof verfügen, können einen einfachen Verschlag unaufdringlich in die Umgebung eingliedern. Der Verschlag läßt sich in einer Hofecke oder an einem Zaum aufstellen oder hinter einem Busch oder Spalier für Kletterpflanzen verstecken.

TRAGBARE GEHEGE: Bei einem tragbaren Gehege ist es leicht, den Kompost zu wenden. Dieses Gehege besteht aus Holz und Maschendraht, wobei die vier Seitenteile einfach eingehängt werden (oben). Wenn der Komposthaufen gewendet werden soll, werden die Riegel einfach ausgehakt und das Gehege neben dem Haufen wieder neu zusammengesetzt (rechts oben). Die zum Komposthaufen zeigende Seite bleibt offen, bis das Gehege fast voll ist. Dann wird auch sie wieder angebracht.

Gehen Sie davon aus, daß Sie pro Quadratmeter Gartenfläche mindestens 5 kg Kompost brauchen. Ein dreiviertel Kubikmeter reicht also für eine einmalige Anwendung auf einer Anbaufläche von 46 Quadratmetern. Aber Sie können niemals zuviel Kompost bereiten, und eine einmalige Anwendung von wenig Kompost dürfte kaum für eine ertragreiche Saison ausreichen. Außerdem wollen Sie doch sicher Humus für die Seitendüngung, zur Bodenbedeckung, als

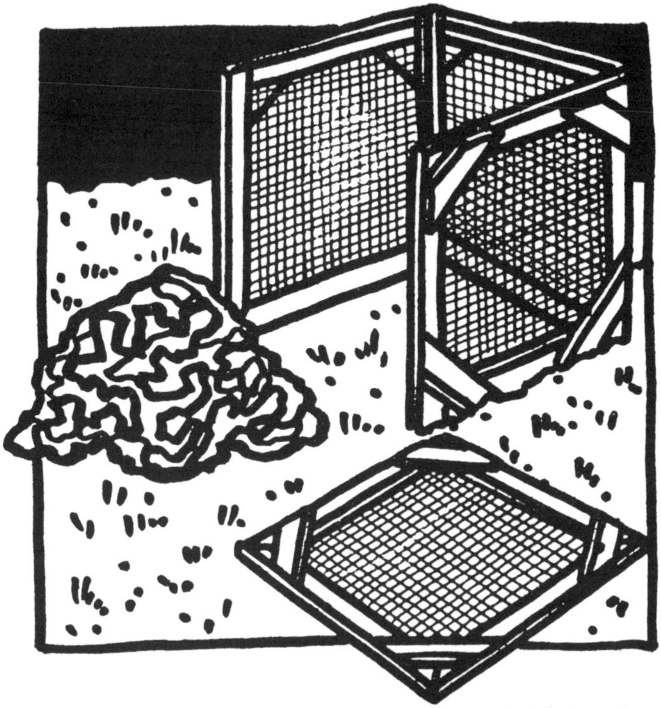

Topferde und für Zierpflanzen. Denken Sie also daran, entweder einen großen Komposthaufen anzulegen oder während der gesamten Saison nacheinander mehrere kleine Mengen zu bereiten. Sie können alle drei Wochen einen dreiviertel Kubikmeter fertigen Kompost bereiten, wenn Sie das organische Material dazu haben.

Ihr Verschlag oder Gehege kann beliebig lang oder breit sein. Passen Sie die Abmessungen der Größe Ihres Grundstücks oder Ihrer Gartenfläche an, aber bauen Sie die Seiten nicht zu hoch. Ein 1,20 m hoher Haufen ist angemessen, vielleicht sogar ideal, je nach Ihrer Größe und Kraft. Das Material mit Schaufel oder Forke oben auf einen Komposthaufen zu bringen, ist harte Arbeit, also machen Sie den Haufen nicht höher als etwa eineinhalb Meter. Außerdem könnte ein größerer Haufen eine zu große Masse beinhalten. Das Material wird vom eigenen Gewicht zusammengedrückt und verliert die für eine wirkungsvolle Zersetzung erforderlichen Lufträume.

Die Form Ihres Behälters ergibt sich möglicherweise durch die Platzverhältnisse in Ihrem Garten. Gärtner in der Stadt haben oft lange und schmale Gärten. In diesem Fall wird der zur Verfügung stehende Platz am besten durch einen rechteckigen Behälter ausgenutzt. Vielleicht ist auch ein würfelförmiger Verschlag, der etwas abseits liegt, am besten. Im Vergleich zwischen diesen beiden Formen gelangt bei der rechteckigen mehr Luft an das organische Material, während ein würfelförmiger Haufen wiederum mehr Oberfläche hat als ein runder halbkugelförmiger.

Tragbare Gehege lassen sich überall aufstellen, so daß man den Kompost direkt dort bereiten kann, wo man ihn braucht.

Achten Sie darauf, Ihren Behälter dort aufzustellen, wo Sie genügend Platz zum Wenden des Haufens haben. Lassen Sie vor dem Behälter ausreichend freien Raum, damit es für die Arbeit mit Forke, Schaufel oder Schubkarre nicht zu eng ist. Rechnen Sie dafür mit dem Zwei- oder Dreifachen der Oberflä-

che des Behälters (bei einem Haufen von einem dreiviertel Quadratmeter wären das etwa 2,5 m^2).
Wenn Sie den Platz dafür haben, wären drei Verschläge nebeneinander ideal. Sie legen im ersten Verschlag einen Komposthaufen an, der beim Wenden in den zweiten Verschlag kommt. Dann errichten Sie in dem jetzt wieder leeren ersten Verschlag einen neuen Komposthaufen. Wenn es an der Zeit ist, dieses Material zu wenden, befindet sich der Inhalt des zweiten Verschlags schon im dritten. Falls schon Kompost im dritten Verschlag war, ist der in der Zwischenzeit schon im Garten verwendet worden. Auf diese Weise können Sie ununterbrochen Kompost auf einer relativ kleinen Fläche bereiten. Mit solch einer Anordnung könnte ein ehrgeiziger Gärtner in jeder Anbausaison mehrere Tonnen Humus produzieren.
Die gleichen Ergebnisse können Sie jedoch auch mit nur einem einzigen tragbaren Gehege erreichen. Sagen wir, Sie verwenden Holzrahmen und Zaundraht, zusammengehalten von Schnappriegeln (das ist der Käfig, der im folgenden Abschnitt mit der Überschrift „Der Bau von Kompostbehältern" beschrieben wird). Wenn das organische Material in diesem Käfig gewendet werden muß, entriegeln Sie die Rahmen und setzen sie neben dem Komposthaufen wieder zusammen. Und lassen Sie die zum Haufen zeigende Seite des Käfigs offen, so daß Sie das Material leicht hineinschaufeln können.
Bringen Sie den vierten Rahmen an, wenn der Käfig fast voll ist. Und machen Sie sich keine Sorgen, wenn Sie die Einfassung um einen 1,2 m hohen Komposthaufen wegnehmen. Der Haufen bleibt ganz allein stehen, wie ein riesiges Stück Kuchen.
Tragbare Gehege sind ideal für Gärtner mit viel Platz. Die Rahmen können von einer Stelle zur anderen gebracht und genau dort aufgestellt werden, wo der fertige Kompost benötigt wird – im Obstgarten bei-

spielsweise oder in einer entfernten Ecke des Gartens. Auseinandernehmbare Gehege sind weiterhin eine gute Sache für alle diejenigen, die in Gemeinschaftsgärten oder gemieteten Gärten arbeiten, wo das Gerät nicht über die Anbauzeit hinaus bleiben kann.

Der Bau von Kompostbehältern

Alles Holz, das zur Herstellung von Kompostbehältern verwendet wird, sollte mit einem Holzschutzmittel behandelt werden. Nehmen Sie ein Mittel, das bekanntermaßen für Pflanzen nicht giftig ist, wie etwa Kupfernapthenat. Kreosot ist für Pflanzen giftig, besonders direkt nach dem Aufbringen, doch es gibt Berichte von Gärtnern, die keine Probleme mit kreosotbehandeltem Holz in Kompostbehältern hatten. Nehmen Sie auf keinen Fall Mittel mit Dioxin, einem der hartnäckigsten und stärksten krebserregenden Stoffe. Lesen Sie das Etikett, bevor Sie irgendein Holzschutzmittel kaufen oder verwenden.
Hier ist noch eine Reihe anderer Punkte, die beim Bau von Kompostbehältern zu beachten sind:

Es ist wichtig, den Kompost vor Regen zu schützen, der die Nährstoffe auswäscht; irgendeine Art von Abdeckung löst dieses Problem.

- Die Behälterseiten müssen stark genug sein, den kräftigen Druck, den nasses organisches Material zur Seite hin ausübt, auszuhalten.
- Befestigen Sie Draht und Drahtnetze an der *Innenseite* des Rahmens.
- Vernageln Sie, wenn es geht, die Rahmenteile, damit sie fester werden. Dazu brauchen Sie einen Nagel, der zweieinhalb bis fünf Zentimeter länger ist als die Dicke der beiden zu verbindenden Holzteile. Schlagen Sie den Nagel ganz durch die Bretter und klopfen Sie das herausstehende Ende dann flach. Das sieht nicht schön aus, bildet aber eine feste Verbindung. Sie können auch Schrauben oder Bol-

VERNAGELN VON VERBINDUNGSSTELLEN: Die Nägel müssen länger sein als die gemeinsame Stärke der zusammenzunagelnden Bretter (links oben). Der Nagel wird ganz durch beide Bretter getrieben (rechts oben) und die herausstehende Spitze umgeschlagen (links unten). So ergibt sich eine maximale Stärke für die Verbindungsstelle.

zen nehmen, aber das ist teurer und zeitaufwendiger.

- Alle Verschläge und Gehege sollten irgendeine Art von Deckel haben, damit der Kompost vor Regen geschützt ist, der, wenn er sehr stark ist, wertvolle Nährstoffe aus dem Kompost auswaschen kann.

Als Abdeckung können Sie alte Teppiche, beschwerte Plastikfolie, Teerpappe, Wellblechreste oder extra dafür gebaute Holzdeckel nehmen.

Drahtgehege:

Das ist der am einfachsten zu bauende Kompostbehälter. Nehmen Sie ein Stück Zaundraht von etwa 3 m Länge und 90 bis 150 cm Höhe und machen Sie daraus einen Kreis von etwa 90 cm Durchmesser. Befestigen Sie die Enden mit drei Schnapphaken (Sie können auch einfach die Drahtenden zusammendrehen, aber dann tun Ihnen bestimmt die Finger weh, bis Sie ihn auseinandergedreht haben, wenn das Gehege voll ist).

Nehmen Sie engmaschigen Draht mit einer Maschengröße von 2,5 auf 5 cm oder kleiner. Bei größeren Maschen fällt viel Kompost durch. Wenn Sie groberes

DRAHTGEHEGE: Ein simpler Zylinder aus Maschendraht ist die einfachste Form für einen Kompostbehälter. Die Enden werden mit Schnappern, Klemmen, Draht oder einfach Bindfaden befestigt.

Maschengewebe wie beispielsweise Baustahlgewebe verwenden müssen (das Öffnungen von etwa 18 × 18 cm hat), können Sie das Gehege innen mit Wellblech auskleiden. Machen Sie es mit Draht innen am Zaun fest und bohren Sie zahlreiche Luftlöcher hinein.

Schneezaungehege

Schneezäune werden im allgemeinen aus etwa 5 cm breiten Holzleisten mit einer Höhe von ca. 120 cm hergestellt. Die Leisten werden mit Draht verbunden und bilden so einen flexiblen Zaun. Ein etwa drei Meter langes Stück läßt sich leicht zu einem freistehenden Kreis formen, wobei allerdings möglicherweise zunächst ein paar Stahlpfähle erforderlich sind, um den Zaun zu halten, bis er mit organischem Material gefüllt ist.

SCHNEEZAUNGEHEGE: Ein etwa drei Meter langes Stück Schneezaun wird zu einem freistehenden Kreis geformt. Außen werden vier Zaunpfähle aus Stahl in den Boden getrieben, damit der Zaun nicht wandert.

Schneezäune haben als Kompostbehälter einen Nachteil. Sie sollen eigentlich vom Wind getriebenen Schnee aufhalten und nicht nasses organisches Material. Die leichten Holzleisten verrotten schnell, wenn die im Humus enthaltenen Säuren sich an die Arbeit machen. Also rasen Sie nicht gleich los, um für einen Kompostbehälter extra eine Rolle Schneezaun zu kaufen. Nehmen Sie Teile von ausgedienten Zäunen (vielleicht fragen Sie mal bei der nächsten Straßenmeisterei nach); andernfalls sollten Sie lieber ein Material wählen, das länger hält.

Palettengehege

Bei uns werden jedes Jahr über eine Million Holzpaletten weggeworfen, eine ungeheure Holzverschwen-

PALETTENGEHEGE: Drei Paletten werden zusammengebunden, so daß sie ein offenes Gehege bilden. Das Gehege wird bis zur Hälfte gefüllt. Dann wird die vierte Palette angebracht und weiteres Material eingefüllt. Das Gehege läßt sich leicht abbauen und an neuer Stelle wieder zusammensetzen, wenn es an der Zeit ist, den Kompost zu wenden dung. Viele dieser stabilen Unterlagen können Sie sich leicht auf Müllkippen oder bei Geschäften beschaffen, die sie sonst wegwerfen. Bei einer Fahrt durch das Industriegebiet jeder beliebigen Stadt sollten sich zumindest vier Paletten finden lassen, und das ist alles, was Sie für ein freistehendes, dauerhaftes Gehege brauchen.

Für ein Gehege aus Holzpaletten nimmt man am besten relativ leichtgewichtige Paletten.

Binden Sie drei Paletten zusammen, so daß sich ein offenes Gehege ergibt. Sie können dafür auch stabile Haken und Ösen nehmen oder Ketten und Schnappschlösser.

Füllen Sie das Gehege etwa bis zur Hälfte mit dem zu kompostierenden Material. Bringen Sie dann die vordere Palette an und füllen Sie den Verschlag weiter. Wenn es an der Zeit ist, den Inhalt zu wenden, bauen Sie das Gehege einfach ab und stellen es am neuen Platz wieder auf.

Paletten gibt es in verschiedenen Größen und Gewichten. Manche sind für große Lasten vorgesehen und aus schwerem Holz gebaut, so daß sie sich möglicherweise nur zu zweit an Ort und Stelle zerren lassen. Sehen Sie sich nach relativ leichten Paletten um. Behandeln Sie das Holz mit einem Schutzmittel, das für Planzen unschädlich ist, damit das Gehege länger hält.

Käfig

Diese Drahtgitterverschläge sehen gut aus, sind haltbar, bieten Schutz gegen Aasfresser und sind tragbar. Außerdem kann die Luft darin ausgezeichnet zirkulieren.

Bauen Sie vier Rahmen beliebiger Größe aus Kanthölzern oder Brettern in der Stärke 5 × 5 cm oder 5 × 10 cm. Ein Käfig mit seitlichem Rahmen von etwa 1,20 m Höhe und 1,80 m Breite ergibt alle drei Wochen ca. 0,5 Kubikmeter Kompost, wenn Sie wie vorher beschrieben nach der heißen Methode arbeiten.

VERSTÄRKEN VON KÄFIGEN: An Käfigen werden in allen vier Ecken Verstrebungen angebracht, um die Verbindungsstellen zu verstärken und die Lebensdauer zu erhöhen.

Arbeiten Sie sorgfältig beim Bau der Rahmen, damit sie viele Jahre halten. Nuten Sie das Holz, wenn es geht mit Hilfe eines Nuteisens, einer Kreissäge oder mit Stechbeitel und Hammer. Bringen Sie in allen vier Ecken Verstrebungen an (Sperrholzreste oder Bretter 2,5 × 5 cm), um den Rahmen zusätzliche Festigkeit zu verleihen.

Befestigen Sie das Drahtgitter mit stabilen Krampen an der *Innenseite* der Rahmen (die Verstrebungen kommen nach außen). Zusätzlich können Sie noch Leisten über die Krampen nageln. Nehmen Sie feinmaschiges Drahtgeflecht mit ca. 1,2 cm Maschenweite als Drahtgitter. Maschendraht mit größerer Maschenweite ist billiger, dafür aber weniger widerstandsfähig gegen den nach außen gerichteten Druck des nassen Komposts.

Wenn alle Rahmen fertig sind, setzen Sie drei mit

Hilfe von Haken und Ösen zusammen. Lassen Sie die Vorderseite offen, bis der Käfig halb voll ist. Dann bringen Sie den vierten Rahmen an.

Neuseeland-Verschlag

Diese beliebte Konstruktion heißt so, weil sie zuerst von Mitgliedern des „Auckland Humic Club" gebaut wurde. Sie ist einfach, sieht gut aus und sorgt für jede Menge Luftzirkulation. Sie besteht allerdings völlig aus Holz, wodurch sie teuer werden kann, wenn man nicht auf Holzreste oder grob geschnittene Bretter aus der Sägemühle zurückgreift.

Die Grundkonstruktion ist etwa 1,20 m im Quadrat und 1,20 m hoch oder etwas höher. Die Eckpfosten werden zwar nicht in den Boden versenkt, trotzdem ist der Neuseeland-Verschlag eine permanente Konstruk-

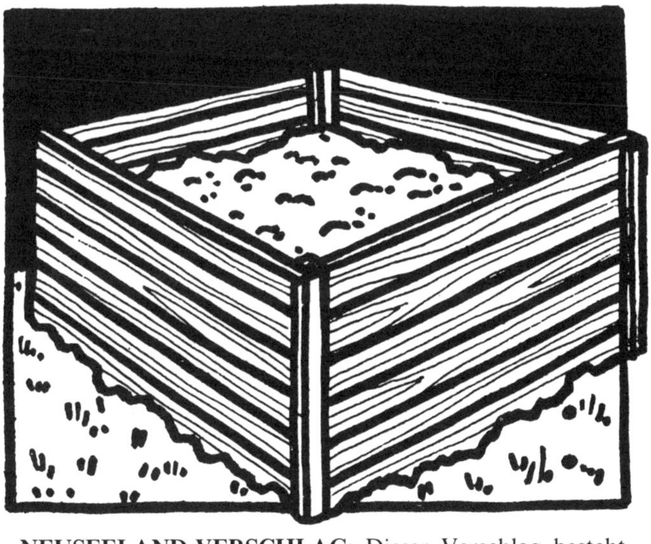

NEUSEELAND-VERSCHLAG: Dieser Verschlag besteht ganz aus Holz und mißt 1,2 m im Quadrat bei 1,2 m Höhe. Der Abstand von gut einem Zentimeter zwischen den Brettern sorgt für eine größtmögliche Luftzirkulation.

tion, weil sich die Seitenteile nicht abnehmen lassen. Sie benötigen vier Kanthölzer in der Stärke 5 × 10 cm, jeweils 1,20 m lang. Legen Sie zwei davon auf den Boden oder auf Ihre Werkbank und verbinden Sie sie, indem Sie Bretter von 2,5 × 15 cm annageln; das ergibt die erste Seite des Verschlags. Lassen Sie zwischen den Brettern jeweils einen Abstand von gut einem Zentimeter, damit Luft an den Kompost gelangen kann.

Bauen Sie auf die gleiche Weise eine weitere Seite. Bringen Sie jetzt an den beiden Teilen ein weiteres Kantholz an, so daß sich eine Nut ergibt, in die die Frontbretter von oben eingesetzt werden können.

Stellen Sie die beiden fertigen Seitenteile aufrecht und nageln Sie die Bretter für die Rückseite an, wobei wiederum zwischen den einzelnen Brettern ein Luftspalt bleiben muß.

Fügen Sie die vorderen Bretter nach und nach ein, wenn der Komposthaufen wächst. Damit auch zwischen den Frontbrettern Luft eindringen kann, müssen Sie auf die Oberkante der einzelnen Bretter Abstandhalter leimen oder nageln. Ein an beiden Enden des Bretts befestigtes Stück Holz von 2,5 × 5 cm und etwa 7,5 cm Länge ist dazu gut geeignet.

Damit im Neuseeland-Verschlag, der feste Seitenteile hat, die Luft zirkulieren kann, sollten Sie die Vorderseite aus herausnehmbaren Brettern bauen, zwischen denen Platz bleibt.

Der Neuseeland-Verschlag kann auch mit 1,80 m langen Kanthölzern gebaut werden, die dann etwa 30 Zentimeter in den Boden eingelassen werden, was dem Verschlag eine größere Stabilität verleiht.

Sie sollten wissen, daß alle freistehenden Gehege oder Verschläge mit offener Vorderseite mit Ausnahme derjenigen aus Beton, Hohlblocksteinen oder schwerem Holz dazu neigen, sich nach außen zu biegen, wenn der Kompost Feuchtigkeit aufnimmt und sich setzt. Diese Ausdehnung kann die Nägel aus den Brettern treiben und es zumindest sehr schwer machen, die Frontbretter in die Nut einzufügen oder sie herauszunehmen.

VORDERSEITE DES NEUSEELAND-VERSCHLAGS: Der Neuseeland-Verschlag ist zwar im wesentlichen eine permanente Konstrukion, doch seine Vorderseite ist so ausgelegt, daß die Bretter in einer Nut gleiten können. Wenn der Haufen wächst, werden weitere Bretter eingesetzt.

Dieses Biegen läßt sich mit einer einfachen Vorrichtung verhindern. Sie benötigen dafür ein 1,20 m langes Kantholz 5 × 10 cm (wenn Ihr Verschlag 1,20 m im Quadrat mißt). Nageln Sie an beide Enden dieses Kantholzes einen Holzklotz in der Größe 5 × 5 × 10 cm. Legen Sie diese Vorrichtung oben auf den Verschlag (wobei die Klötze eng an den oberen Brettern anliegen müssen), wenn sich der Verschlag langsam füllt. Diese Anti-Biege-Vorrichtung läßt sich auch verschieben und mit einer Abdeckung für den Verschlag versehen.

Lehigh-Verschlag:
Bei diesem attraktiven, leicht gebauten Verschlag handelt es sich um eine weitere klassische Konstruktion

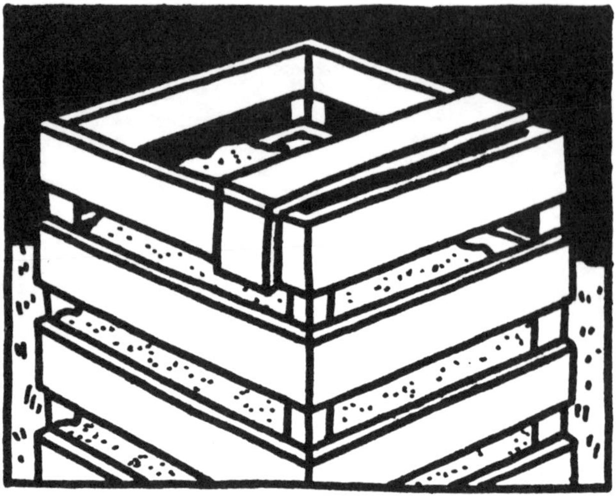

STABILISIERUNGSVORRICHTUNG: Diese einfache Vorrichtung bewahrt freistehende Gehege oder Verschläge aus nicht so stabilem Material davor, sich zu verziehen. Bei einem Verschlag von 1,2 m im Quadrat wird auf beide Enden eines Kantholzes in der Stärke 5 × 10 cm und mit einer Länge von 1,2 m ein Holzklotz von 5 × 10 cm genagelt. Die ganze Vorrichtung kommt oben auf den Verschlag, so daß die Holzklötze gegen die obersten Bretter drücken.

---

zur Kompostbereitung. Wie der Neuseeland-Verschlag besteht er aus Kanthölzern der Stärke 5 × 10 cm. Für einen dreiviertel Kubikmeter Kompost benötigen Sie zwanzig dieser Kanthölzer in einer Länge von jeweils etwa 90 cm (fünf pro Seite).

Messen Sie von beiden Enden der Hölzer jeweils 5 cm nach innen und bohren Sie an diesen Stellen Löcher mit einem Durchmesser von 10 mm. Die Kanthölzer werden abwechselnd aufeinandergelegt und durch Stahlstäbe, die in die Löcher eingeführt werden, zusammengehalten. Damit die Löcher in einer Linie liegen, macht man sich am besten eine Pappschablone. Außerdem sollten Sie einen Bohrständer verwenden, damit die Löcher genau senkrecht werden.

Kaufen Sie kein teures fertig bearbeitetes Holz für diesen Verschlag. Nehmen Sie grob zugeschnittenes Holz oder Holzpfähle mit einem Durchmesser von 7,5 cm. Wenn Sie auf Ihrem Grundstück Wald haben, brauchen Sie nur ein größeres Stück mit Jungpflanzen auszulichten, und schon haben Sie alles Holz, das Sie für dieses Projekt benötigen.

Der Lehigh-Verschlag ist leicht zu benutzen, weil man die Seiten nach und nach erhöhen kann, wenn der Komposthaufen größer wird. Das ist allerdings gleichzeitig auch ein Nachteil, wenn der Haufen regelmäßig gewendet werden soll. Weil die Bretter abwechselnd

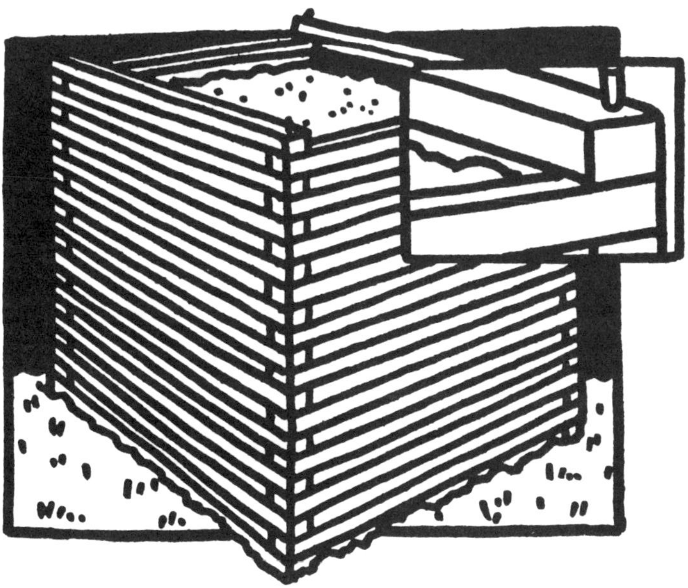

LEHIGH-VERSCHLAG: Zum Zusammenbau werden Löcher in die Enden von Kanthölzern in der Stärke 5 × 10 cm gebohrt. Die Hölzer werden abwechselnd aufeinandergelegt, und dann wird ein Stahlstab in die Löcher eingeführt, der sie zusammenhält.

angebracht sind, muß der Verschlag vollkommen abgebaut werden, bevor der Kompost an eine andere Stelle gebracht werden kann.
Deshalb ist der Lehigh-Verschlag dann eine gute Wahl, wenn der Komposthaufen wenig oder gar nicht gewendet werden muß.

Kastenverschlag oder -gehege:

Der Kastenverschlag ist stapelbar und leicht auseinanderzunehmen und kann für den Winter flachliegend verstaut werden.

Dieser Kompostbehälter vereint die Merkmale von Verschlag und Gehege, indem er die Stabilität des Verschlags besitzt und wie ein Gehege tragbar und abzubauen ist. Es handelt sich hier ebenfalls um eine Stapelkonstruktion, die höher wird, wenn sich Ihr Komposthaufen vergrößert.
Am Ende der Saison sind alle Teile schnell abgebaut und flachliegend für den Winter verstaut (auch für

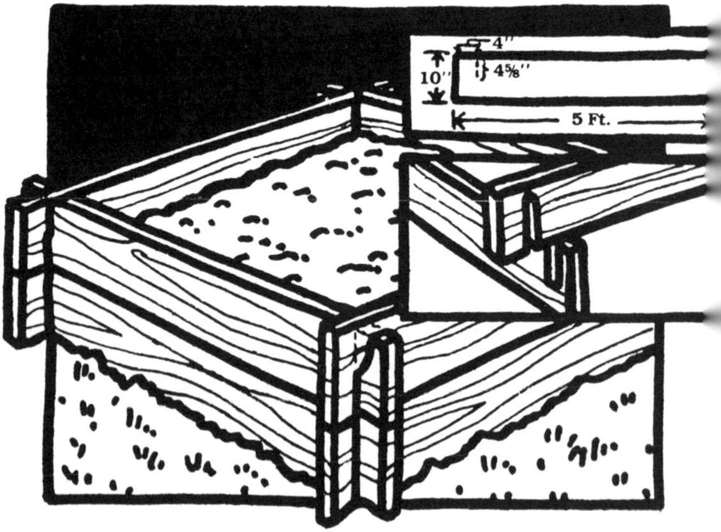

KASTENVERSCHLAG: Dieser transportierbare Verschlag wird nur aus Holzbrettern gebaut. Er ist leicht zusammenzubauen, auseinanderzunehmen und zu lagern. Die Enden der Bretter werden eingeschnitten, damit sie im rechten Winkel zusammengesetzt werden können.

Leute, die einen Garten gemietet haben oder in Gemeinschaftsanlagen arbeiten, wo alles Gerät im Herbst verschwinden muß, stellt er eine gute Wahl dar).
Die einzelnen Abschnitte bestehen jeweils aus vier Brettern mit einer Länge von etwa 130 cm und einer Breite von 25 cm. Mit den folgenden Hinweisen und Materialien können Sie genügend Abschnitte zusammenstellen, um einen Verschlag von 94 cm Höhe und etwa 1,30 m im Quadrat zu errichten.
Sie brauchen acht Bretter, 2,5 ×25 cm, 3 m lang. Schneiden Sie diese Bretter in der Mitte durch, um 16 Stück von 1,5 m Länge zu erhalten. Messen Sie von den Enden der Bretter aus jeweils zehn Zentimeter nach innen und ziehen Sie an dieser Stelle eine Linie, die von der Kante aus 12 cm senkrecht zur Brettlänge verläuft. Machen Sie an dieser Stelle einen Einschnitt, der so breit ist, daß ein anderes Brett gut hineinpaßt. Wiederholen Sie die Sache am anderen Ende des Bretts, so daß alle Bretter schließlich zwei Einschnitte haben.
Wenn alle Einschnitte gemacht sind, fügen Sie die Bretter wie die Teile eines Puzzle zusammen – Nägel, Schrauben oder Leim sind nicht erforderlich. Stapeln Sie Abschnitt auf Abschnitt übereinander, wenn der Komposthaufen höher wird.

Dreiteiliger Betonblock-Verschlag:
Das ist der Rolls Royce unter den Kompostbehältern. Der Bau ist zeitaufwendig, doch die Mühe lohnt sich. Für einen dreiteiligen Verschlag, 1,20 m breit, 3,60 m lang und 90 cm hoch, brauchen Sie 88 ganze und 20 halbe Betonblöcke (bei einer Größe von 15 × 20 ×40 cm für den ganzen Block).
Die erste Reihe Blöcke muß waagrecht liegen, damit die folgenden im Lot sind; das ist besonders wichtig, weil keinerlei Mörtel verwendet wird, der die Blöcke

DREITEILIGER BETONBLOCK-VERSCHLAG: Diese permanenten, stabilen Verschläge bieten die ideale Voraussetzung, um jedes Jahr mehrere Tonnen Humus zu bereiten. Bei zeitlich abgestufter Kompostbereitung in den einzelnen Teilen steht in der gesamten Saison dauernd Humus zur Verfügung.

Verwenden Sie beim Bau eines Verschlags aus Betonblocksteinen eine Wasserwaage, damit die Steine „in der Waage“ sind.

an Ort und Stelle hält. Achten Sie auch darauf, die halben Blöcke zu verwenden, damit sich versetzte Stoßfugen ergeben.

Messen Sie die 3,6 m langen Linien für die Rückwand und die 1,2 m langen Linien für die Seitenwände ab und markieren Sie sie mit Pfosten und Bindfaden. Entfernen Sie dort, wo die Blöcke liegen sollen, alles Gras und Gehölz. Graben Sie Wurzeln und Steine aus. Als nächstes legen Sie die Blöcke für die Rückwand. Arbeiten Sie sorgfältig, indem Sie jeden einzelnen Block genau aufsetzen und nötigenfalls die Erde darunter wegkratzen, um eine waagrechte erste Reihe zu bekommen. Verwenden Sie zur Überprüfung Ihrer Arbeit eine Maurerwasserwaage, und zwar eine, die mindestens so lang wie zwei Betonblöcke ist (besser noch ist eine 1,2 m lange, die Sie gegen eine kleine Gebühr in den meisten Werkzeugverleihfirmen bekommen).

Wenn die erste Blockreihe für die Rückwand liegt, begeben Sie sich an die beiden Außenwände. Achten Sie darauf, daß die Ecken einen rechten Winkel bilden. Prüfen Sie mit einem Winkeldreieck nach. Legen Sie dann die Blöcke für die beiden Innenwände, wiederum unter Beachtung von Lot und Winkel.

Wenn die letzte Reihe fertig und „in der Waage" ist, schichten Sie die restlichen Blöcke auf und nehmen dabei auch die halben an den passenden Stellen. Wenn alle Blöcke an Ort und Stelle sind, wollen Sie

VORDERTEIL FÜR BETONBLOCK-VERSCHLAG: Ein 10 cm langes Stück Holz, 2,5 × 5 cm, wird auf die Mitte eines Stücks Tischlerplatte genagelt, das groß genug ist, um die Vorderseite des Verschlags zu verschließen. Das Brett wird mit dem Stück Holz nach außen gegen die Öffnung des Verschlags gelegt, unter das Stützholz wird ein Stock oder Rohr geklemmt.

GLEITNUT FÜR BLOCKVERSCHLAG-VORDERTEIL: An den Stirnwänden der Blockwände werden mit langen Knebelbolzen Bretter in der Größe 2,5 × 15 cm angebracht. Auf diese kommt in die Mitte jeweils ein Stück Holz in der Stärke 5 × 10 cm. Darauf werden wieder Bretter von 2,5 × 15 cm genagelt. So entsteht eine Gleitnut für die Vorderteilbretter, mit deren Hilfe die Höhe der Vorderseite dem wachsenden Haufen angepaßt werden kann.

---

vielleicht die Vorderseite des Verschlags mit abnehmbaren Brettern versehen. Dafür gibt es mehrere Möglichkeiten.

Am einfachsten geht es mit einem Reststück Tischlerplatte oder Spanplatte. Nageln Sie in der Mitte ein 10 cm langes Brettstück von 2,5 × 5 cm als Stützholz fest. Wenn Sie den Verschlag dichtmachen wollen, legen Sie die Platte mit dem Stützholz nach außen vor die Öffnung. Verkeilen Sie die Platte, indem Sie einen Stock oder ein Rohr unter das Stützholz zwängen.

Wenn Ihr Verschlag ansprechender aussehen soll, können Sie abnehmbare Bretter installieren. Damit können Sie dann auch die Höhe der Vorderseite dem wachsenden Haufen entsprechend regulieren.

Bringen Sie an den Stirnseiten der Blockwände mit Hilfe von langen Knebelbolzen Bretter in der Größe 2,5 × 15 cm an (bohren Sie mit einem Bohrer durch die Blöcke bis in den hohlen Innenteil).
Auf diese Bretter nageln Sie als nächstes Kanthölzer von 5 × 10 cm. Zentrieren Sie diese Kanthölzer sorgfältig, damit auf beiden Seiten gleich viel Platz ist. Dann nageln Sie auf die Kanthölzer wieder Bretter in der Größe 2,5 × 15 cm, wieder genau in der Mitte.
So erhalten Sie eine 5 cm breite Nut, in die Sie mehrere Bretter der Größe 2,5 × 30 oder 2,5 × 25 cm einführen können. Die Nut ist absichtlich 2,5 cm breiter als die Stärke der Bretter, da der von dem Kompost ausgeübte Druck berücksichtigt werden muß (Sie brauchen den Extra-Raum, damit Sie die Bretter beim Herausnehmen hin und her rütteln können).
Leimen Sie ein Stück Holz von 2,5 × 5 × 7,5 cm als Abstandhalter an die Enden der Bretter, damit die Luftzirkulation durch die Frontseite des Verschlags verbessert wird.

Holzverschlag

Hier haben wir einen Verschlag in derselben Bauweise wie der vorhergehende, der allerdings ganz aus Holz besteht, was manchen Gärtnern vielleicht lieber ist, weil Holz billiger als Betonblöcke ist.
Markieren Sie den Umfang des Verschlags – 3,6 m lang und 1,2 m breit – mit Pfosten und Bindfaden oder indem Sie einfach mit dem Spaten eine Linie auf dem Boden ziehen. Lassen Sie an allen Ecken 1,8 m lange Pfosten, 10 × 10 cm, aus behandeltem Holz wenigstens 60 cm tief in die Erde ein. Sie können die Pfosten direkt in den Boden setzen und die Erde rundherum feststampfen oder sie einzementieren, damit sie möglichst lange halten.

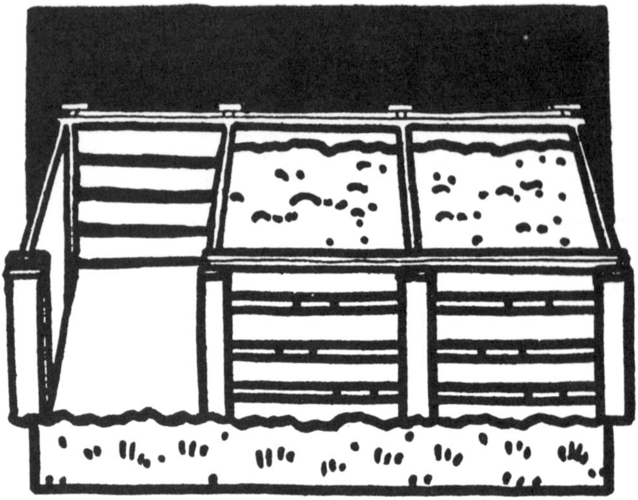

HOLZVERSCHLAG: Von der Konstruktion her mit dem Betonblock-Verschlag identisch, ist dieser Verschlag aus Holz im Bau billiger. Zwischen den Brettern bleiben 2,5 bis 5 cm Luft für die Ventilation. Für die Front können Gleitbretter genommen werden, wobei die 2,5 × 15 cm großen Stirnbretter jedoch wegfallen und die 5 × 10 cm großen Hölzer direkt auf die Endpfosten genagelt werden können.

Nehmen Sie eine Wasserwaage, damit die Pfosten wirklich im Lot sind, wenn sie endgültig gesetzt werden. Nageln Sie als nächstes bis auf die Vorderseite überall die waagerechten Bretter an und lassen Sie dabei zwischen den einzelnen Brettern jeweils einen Spalt von 2,5 bis 5 cm zur Durchlüftung.
Bauen Sie die Vorderseiten wie bei dem Betonblock-Verschlag, wobei Sie hier jedoch die Grundplatten weglassen und die Kanthölzer direkt auf die Pfosten nageln oder schrauben können, auf die dann die Bretter in der Größe 2,5 × 15 cm kommen.

Kompostgrube

Eine Grube bedeutet zunächst einmal eine Menge Arbeit, doch sobald sie fertig ist, haben Sie eine permanente Kompoststelle, die für jedes Wetter geeignet ist und eine große Kapazität hat. Die Kompostgrube stellt eine gute Wahl dar für große Gehöfte, Bauernhöfe und Landgasthäuser mit viel Küchenabfällen.

Wenn Sie viel Küchenabfälle und anderes Material zu kompostieren haben, ist eine Grube vielleicht die beste Lösung.

Heben Sie eine Grube von 1,2 m im Quadrat und 40 cm Tiefe aus. Machen Sie die Seiten der Grube so eben, daß Sie sie mit Hohlziegeln auskleiden können. Setzen Sie auf allen Seiten drei Reihen aus je drei Hohlziegeln ohne Mörtel. Dabei sind zwei Reihen unter und eine Reihe über dem Bodenniveau (legen Sie die Grube nahe am Haus an, damit sie im Winter den Abfall nicht über weite Strecken transportieren müssen).

VORDERTEIL FÜR HOLZVERSCHLAG: Hölzer in der Stärke 5 × 10 cm werden direkt auf die Endpfosten genagelt, und zwar in der Mitte wie beim Betonblock-Verschlag. Darauf kommen Bretter in der Stärke 2,5 × 15 cm. Die Bretter für die Vorderseite können in der Nut gleiten.

GRUBE MIT HOHLZIEGELN: Mit einer mit Hohlziegeln ausgekleideten Grube kann man auch den Winter hindurch kompostieren. Eine 40 cm tiefe Grube von 1,2 m im Quadrat wird mit Hohlziegeln ausgekleidet, und zwar mit zwei Reihen unter und einer Reihe über dem Bodenniveau. Die ausgehobene Erde wird neben der Grube aufgehäuft und abgedeckt, damit sie nicht gefriert.

Häufen Sie die ausgehobene Erde sorgfältig auf. Dekken Sie sie mit einer Plane, Plastikfolie oder mit altem Heu oder Stroh ab, damit sie vor Regen geschützt ist. Bedecken Sie jede Ladung Abfall mit etwa 7,5 cm Erde aus dem Haufen. Fügen Sie Würmer hinzu, wann immer es möglich ist (die Art, die es im Garten gibt). Sie vermehren sich schnell und ernähren sich von den Abfällen.

Bedecken Sie die Ansammlung von Abfall und Erde mit Sackleinen oder einem anderen durchlässigen Material, auf keinen Fall aber mit Holz oder Metall. Halten Sie das Sackleinen feucht, indem Sie es mit Wasser besprenkeln, falls nötig. Wie im traditionellen Komposthaufen ist das Ziel dabei, das sich zersetzende Material feucht zu halten und nicht zu durchtränken.

Zum Schutz gegen Aasfresser bauen Sie einen Rahmen aus Hölzern in der Größe 2,5 × 5 oder 2,5 × 7,5 cm und bespannen ihn mit Maschendraht mit einer Maschenweite von 5 × 7,5 cm. Machen Sie den Rahmen so groß, daß er flach auf den Hohlziegeln aufliegt. Beschweren Sie ihn mit Steinen oder einem Hohlziegel.

Diese Kompostgrube kann mitwachsen, wenn Sie nach und nach mehr organisches Material einbringen. Setzen Sie einfach eine weitere Reihe Hohlziegel, wenn die Mischung aus Abfall und Erde auf eine Höhe mit der ersten Ziegelreihe gewachsen ist. Weitere Reihen können Sie bis zu einer Höhe von 80 cm setzen. Danach ist es zu schwer, die Grube zu füllen. Natürlich können Sie mit dem Füllen der Grube aufhören, wann immer Sie wollen. Sie brauchen das Material nicht zu wenden; lassen Sie es bei mildem Klima etwa drei Monate verrotten, bevor Sie es in Ihrem Garten verwenden.

Wenn diese Konstruktion das Richtige für Sie ist, fangen Sie sicher mit einer zweiten Grube oder einem Verschlag an, während Sie darauf warten, daß die erste ihrer Fertigstellung entgegengeht. Mit etwas Erfahrung können Sie später die zweite Grube gerade bis zum Rand gefüllt haben, wenn der Inhalt der ersten zur Verarbeitung in Ihrem Garten bereit ist.

Bei Frost verlangsamt sich die Zersetzung, doch Sie können den ganzen Winter über Ihre Abfälle in die Grube geben. Sie brauchen nur dafür zu sorgen, daß der Erdhaufen nicht einfriert. Decken Sie ihn mit viel Heu- oder Strohballen oder mit Säcken mit trockenem Laub ab. Eine hohe Schneeschicht sorgt ebenfalls für Isolierung.

Im Winter ist es nicht erforderlich, die Grube mit Sackleinen abzudecken. Bei kaltem Wetter ist ausreichend Feuchtigkeit kein Problem. Sie dürfen aber dabei nicht den Schnee entfernen, der sich auf dem

Haufen sammelt. Sorgen Sie aber dafür, daß das Drahtgitter jederzeit an Ort und Stelle ist, damit Tiere auf der Suche nach Nahrung nicht in der Grube herumwühlen können.

Sie können den ganzen Winter über kompostieren, solange der Komposthaufen nicht zu einer festen Masse gefriert. Isolieren können Sie den Haufen mit Heu oder Säcken voll trockenem Laub.

Ungewöhnliche Behälter

Neben den oben beschriebenen Grundkonstruktionen verwenden Gärtner traditionell alle möglichen Arten von Behältern für Kompost. Hier sind drei weitere Vorschläge. Ihre guten Seiten sind Einfachheit und geringe Kosten. Ihre Nachteile bestehen in ihrem Aussehen, ihrer mangelnden Kapazität und gewissen Unannehmlichkeiten.

Heuballen

Sie können Heuballen wie riesige Blöcke verwenden und daraus einen großen Verschlag oder Behälter in

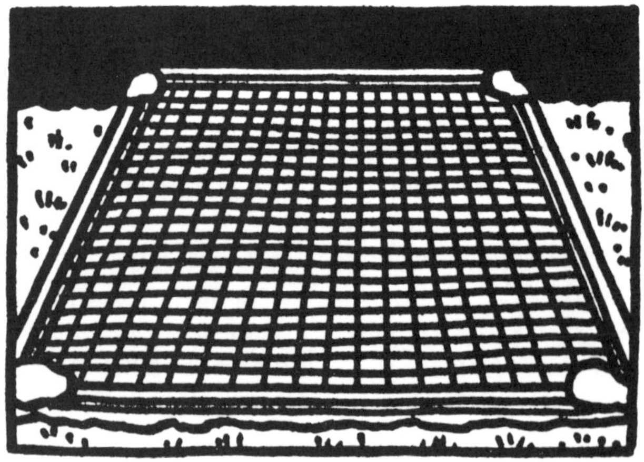

GITTERABDECKUNG FÜR GRUBE: Die Grube wird mit einem drahtbezogenen Rahmen gegen Aasfresser geschütz. Der auf der oberen Ziegelreihe liegende Rahmen wird an allen vier Ecken mit Steinen beschwert.

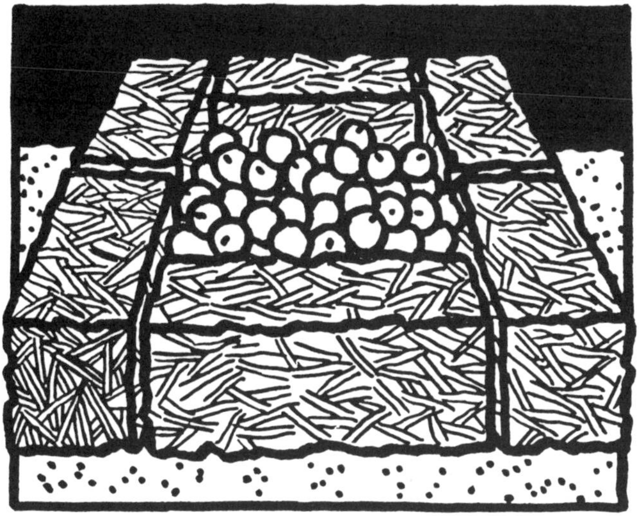

HEUBALLEN: Heuballen ergeben einen billigen, aber vorübergehenden Kompostbehälter. Sie können in der gewünschten Größe arrangiert werden. Das ist allerdings keine dauerhafte Konstruktion, da sich Bindeschnur und Heu zusammen mit dem Inhalt zersetzen.

der Größe bauen, die Ihnen zusagt. Wenn Sie abenteuerlich veranlagt sind und die Heuballen fest zusammengebunden sind, können Sie sie zu zweit oder dritt übereinanderstapeln.
Erwarten Sie jedoch nicht, daß dieser Behelfsbehälter lange hält. Die Ballen samt Bindeschnur werden zusammen mit dem Rest des Haufens zu Kompost. Wenn die Ballen auseinanderfallen, können Sie mit Ihnen den nächsten Komposthaufen beginnen.

Stahlfässer

Stahlfässer können Sie sich an vielen verschiedenen Stellen besorgen, doch dabei ist es wichtig, daß in den Fässern kein giftiges Material gewesen ist, Fragen Sie bei Autowaschanlagen (nach Fässern, in denen biolo-

STAHLFÄSSER: In Wand und Boden eines Stahlfasses werden Löcher gebohrt. Das Kompostmaterial wird eingefüllt und das Faß mit einem beschwerten Stück Holz abgedeckt. Wenn der Kompost fertig ist, wird das Faß umgekippt und der Inhalt hinausgeschaufelt.

gisch abbaubare Seife gewesen ist) oder bei nahrungsmittelverarbeitenden Firmen (nach Fässern, in denen Pflanzenöle oder Melasse war). Sägen Sie das Faß oben mit einer Metallsäge aus. Tragen Sie dabei Schutzbrille und Gehörschutz.

Bohren Sie an den Seiten und im Boden des Fasses eine Reihe von Löchern, damit Luft eindringen kann. Fertigen Sie einen Deckel aus Holzresten, setzen Sie ihn oben auf das Faß und beschweren Sie ihn mit einem Hohlziegel.

Füllen Sie das Faß mit organischer Substanz, indem Sie entweder abwechselnd eine Schicht trockenes und eine Schicht feuchtes Material einbringen oder alles gut vermischen, um einen gleichmäßigen Feuchtigkeitsgehalt zu bekommen. Insbesondere Küchenab-

fälle sollten mit Sägemehl oder zerkleinerten Blättern vermischt werden, um ein Gegengewicht zu ihrer extremen Nässe zu erhalten. Küchenabfälle, die einfach in das Faß geworfen und nicht abgedeckt werden, entwickeln einen unglaublichen Gestank, wenn die ganze Sache anaërobisch wird.
Der Inhalt des Fasses wird nicht gewendet, es sei denn, Sie wollen in dem Faß nur so lange organisches Material sammeln, bis Sie genügend für einen richtigen Komposthaufen zusammenhaben. Geleert werden kann das Faß nur, indem man es umkippt und ausschaufelt. Manche Gärtner haben mehrere solcher Fässer, die sie füllen und stehenlassen, bis die Zersetzung nach Monaten abgeschlossen ist.

Plastikbeutel:
Plastikbeutel bieten zwar einen ausgesprochen häßlichen Anblick, sind aber bemerkenswert wirkungsvoll. Ein verschlossener Plastikbeutel mit feuchter organischer Substanz ist wie ein künstlicher Magen. Gefüllt mit gemähtem Gras und an einen warmen Ort gestellt, produzieren die Beutel etwas, das aussieht und riecht wie echter Dung.
Der Zersetzungsprozeß verläuft anaërobisch und ziemlich langsam. Und das Material braucht natürlich nicht gewendet zu werden. Füllen Sie die Beutel mit gemähtem Gras und trockenen Blättern (und Dung, wenn Sie welchen haben) und stellen Sie sie gut verschlossen irgendwo ab, wo sie nicht stören. Tun Sie keine Küchenabfälle hinein, es sei denn, Sie sind sich sicher, daß Ihr Hof völlig gegen streunende Hunde und Katzen geschützt ist. Die würden nämlich die Beutel aufreißen und den Inhalt in der Gegend verstreuen.
Vergessen Sie die Beutel für die nächsten Monate. Wenn Sie sie öffnen, sollten Sie gut verdauten „Dung" haben, der zur Anwendung im Garten bereit

In einem Prozeß ohne Luftzufuhr kann man Kompost auch in Plastikmüllbeuteln bereiten, doch ist dabei darauf zu achten, daß die Beutel nicht geöffnet werden, bevor der Kompost fertig ist.

ist. Lassen Sie sich von Nase und Augen leiten. Wenn Sie die Beutel zu früh öffnen, werden Sie von einem fürchterlichen Gestank und mehr Schleim begrüßt, als Sie in Ihrem letzten Horrorfilm gesehen haben.
Offensichtlich hat das Kompostieren in Beuteln verschiedene Nachteile, wenn man mal davon absieht, daß es nicht sehr ästhetisch ist, inmitten einer Menge aufgeblähter schwarzer Plastik-,,Mägen" zu leben. Einer dieser Nachteile ist das Fassungsvermögen: Es geht nicht viel hinein. Ein weiterer ist die Empfindlichkeit: Das dünne Plastik hält nicht lange, wenn es Wind und Wetter ausgesetzt ist. Aber wenn Sie nur wenig Kompost brauchen und keinen traditionellen Haufen anlegen wollen, könnten Plastikbeutel die Lösung für Sie sein.

Vorratsbehälter für Kompostwasser

Von all den Elixieren, Mixturen, Mitteln und Wundermitteln, die organisch arbeitende Gärtner sich als Nahrung für ihre Pflanzen ausgedacht haben, erreicht nichts die Wirkung von Kompost- oder Düngetee. Diese selbstgemachte flüssige Pflanzennahrung besitzt eine fast magische Kraft, wenn es darum geht, die nachlassende Gemüseproduktion wieder in Schwung zu bringen, kränklichen Pflanzen und Bäumen neue Kraft zu geben und das Wachstum zarter Setzlinge und umgesetzter Pflanzen anzuregen.

Mit Kompostwasser kann man Pflanzen, die viel Nährstoffe brauchen, in der Mitte der Saison noch einmal einen kräftigen Schuß zukommen lassen.

Viele der Pflanzennährstoffe in Kompost und Dung lösen sich leicht in Wasser, so daß durstige Wurzeln sie schnell aufnehmen können. Kompostwasser läßt sich leicht in kleinen Mengen herstellen. Sie brauchen nur eine Schaufel Dung oder fertigen Kompost in einen Eimer Wasser geben, umrühren und Ihre Pflanzen mit dieser Flüssigkeit zu gießen.

Das ist schön und gut für einen winzigen Garten oder eine Sammlung von Zimmerpflanzen, doch was machen Sie, wenn Sie Ihren Pflanzen regelmäßig Komposttee geben wollen, vielleicht die ganze Pflanzsaison hindurch einmal pro Woche? Besonders zur Mitte der Saison hin, wenn sich die Produktion verlangsamt, können Sie Pflanzen, die viel Nährstoffe brauchen, wie etwa Auberginen, Tomaten und Kohl, mit Komposttee noch einen Extra-Schuß Nährstoffe zukommen lassen. Aber dafür brauchen Sie einen Vorrat an Kompostwasser. Jedesmal einen Eimer voll zu machen, ist schließlich nur eine weitere zeitaufwendige Aufgabe in einer Zeit, in der es sowieso viel Arbeit gibt. Auf der anderen Seite wollen Sie bestimmt auch keine offenen Behälter oder Fässer mit Dungwasser überall im Garten stehen haben. Abgelenkte Kinder und Gärtner pflegen im allgemeinen prompt in solche Fallen zu gehen.

Sie können sich auf einfache Weise ein Faß für Kompostwasser herrichten, das jahrelang hält und mit dessen Hilfe sie Ihre Pflanzen jederzeit gut in Schuß halten können. Mit der folgenden Konstruktion erhalten Sie augenblicklich literweise flüssige Pflanzennahrung mit der Drehung eines Hahns. Ohne Spritzen und Tropfen.

Sie benötigen dazu ein 200-l-Stahlfaß ohne schädliche Rückstände. Fragen Sie bei Ihrer Autowaschanlage nach Fässern, in denen biologisch abbaubares Waschmittel war. Eine andere mögliche Quelle sind Lebensmittelgeschäfte. Dort gibt es oft Fässer, in denen Nahrungsmittel aufbewahrt wurden. Außerdem kommen Fässer in Frage, in denen Öl, Sirup und andere nichtgiftige Substanzen waren.

Schneiden Sie das Faß oben mit Hilfe einer Stichsäge mit Metallsägeblatt aus. Tragen Sie dabei Augen- und Gehörschutz. Werfen Sie das ausgeschnittene Stück weg und waschen Sie das Faß sorgfältig aus.

Legen Sie das Faß auf die Seite und sichern Sie es mit Holzklötzen oder Ziegelsteinen. Was jetzt kommt, läßt den Lärm in einer Kesselfabrik wie Kammermusik klingen; warnen Sie Ihre Nachbarn und setzen Sie Ihren Gehörschutz auf. Hämmern Sie das Faß an einer Stelle etwa 5 bis 7 cm über dem Boden flach. Es ist nicht so wichtig, wo genau diese Stelle liegt, doch sorgen Sie dafür, daß sie einen Durchmesser von wenigstens 10 cm hat. Gehen Sie langsam ans Werk. Sie brauchen eine ebene Stelle, damit der Hahn, den Sie installieren, gut und dicht sitzt. Wenn Sie nicht aufpassen und zu fest zuschlagen, können Sie anschließend ins Faß kriechen und die Stelle wieder ausbeulen.

Sobald Sie die Stelle einigermaßen flachgehämmert haben, nehmen Sie Schleifpapier und schleifen Farbe und Rost bis auf das blanke Metall herunter. Jetzt nehmen Sie einen Stahlnippel – 15 cm lang, 3/4 Zoll Durchmesser, Gewinde an beiden Enden – und stellen ihn auf die flachgehämmerte Stelle etwa 5 cm oberhalb des Faßbodens. Markieren Sie mit Bleistift oder Filzschreiber seinen Umriß auf dem Faß. Bohren Sie in der Mitte dieses Kreises ein Loch, das groß genug ist für das Sägeblatt der Stichsäge.

Jetzt wird es etwas kompliziert. Es muß ein Loch gesägt werden, das *etwas kleiner* ist als das Gewinde, so daß der Nippel gut in das Loch eingeschraubt werden kann. Am besten ist es, vom Bohrloch aus jeweils bis *innen* an die Umrißlinie zu sägen und das Metall langsam „abzuknabbern", anstatt auf einmal einen sauberen Kreis zu sägen. Machen Sie sich nichts daraus, wenn das Loch zunächst schartig aussieht und hier und da „Metallzähne" hat. Das läßt sich mit einer Rund- oder Halbrundfeile schnell in Ordnung bringen.

Versuchen Sie den Nippel in das Loch zu schrauben, wenn Sie eine einigermaßen runde Öffnung zustande-

EINBAU EINES HAHNS IN EIN FASS: Mit sieben leichten Arbeitsschritten läßt sich ein Hahn in einem als Vorratsbehälter für Kompostwasser dienenden Faß installieren: 1. Den Deckel des Fasses mit einer Stichsäge ausschneiden. 2. Das Faß auf die Seite legen, mit Steinen sichern und einen Kreis von 10 cm Durchmesser etwa 5 bis 7 cm über dem Faßboden flachklopfen. 3. Die flachgeklopfte Fläche schleifen, bis sie glänzt. 4. Den Nippel auf die flache Stelle setzen und anzeichnen. 5. In der Mitte des Kreises ein Loch bohren, das groß genug ist für das Metallsägeblatt der Stichsäge. 6. Ein Loch aussägen, das etwas kleiner ist als der Außendurchmesser des Nippels. Dazu von der Mitte bis an die gezeichnete Linie heransägen. Die Kanten glattfeilen, damit der Nippel gut sitzt. 7. Nippel und Hahn wie in Zeichnung 8 montieren.

gebracht haben. Zu klein? Vergrößern Sie das Loch vorsichtig mit der Feile, bis der Nippel sich fest einschrauben läßt. Wenn Sie sicher sind, daß das Rohrstück gut paßt, drehen Sie es heraus und schrauben eine 3/4"-Mutter zusammen mit Unterlegscheibe oder Dichtung auf.

Jetzt kriechen Sie in das Faß und schrauben den Nippel ganz in das Loch, wobei Sie ihn so fest anziehen, wie es geht, ohne das Gewinde zu beschädigen. Sie brauchen einen Schraubenzieher, um die Mutter fest anzuziehen (drücken Sie damit in die Kerben in der Mutter; nehmen Sie notfalls einen Hammer dazu). Achten Sie darauf, daß das Faß gut verkeilt ist und sich nicht an einer abschüssigen Stelle befindet, *bevor* Sie hineinkriechen; Sie könnten sich sonst plötzlich auf einer unvorhergesehenen Fahrt Ihre Einfahrt hinunter befinden (die Polizei wird Ihre Entschuldigung niemals glauben).

Wieder aus dem Faß heraus, tragen Sie großzügig Silikon-Dichtungsmasse um den Nippel herum auf. Als nächstes schrauben Sie den Hahn auf den Nippel (nehmen Sie einen Hahn mit Flansch und 3/4"-Innengewinde). Wenn Sie den Hahn festziehen, sollte die Silikon-Masse unter dem Flansch hervorquellen und einen dicken Wulst bilden. Möglicherweise müssen Sie Nippel und Mutter noch einmal nachstellen, damit der Hahn fest und ordnungsgemäß sitzt.

Vergessen Sie nach der Installation des Hahns nicht, innen am Rohr ein Sieb anzubringen; dann verstopft es nicht.

Machen Sie sich keine Sorgen, wenn das Loch im Faß zu groß oder exzentrisch ist. Eine großzügige Gabe Silikon sollte alle eventuellen Lecks abdichten. Wenn Sie es besonders fest haben wollen, können Sie den Hahn mit einem Tropfen Flüssigstahl befestigen und abdichten. Wenn der trocken ist, kommt noch Silikon-Masse darauf.

Sobald der Hahn an Ort und Stelle ist, kriechen Sie mit einer Rohrschelle aus Edelstahl, einem Schraubenzieher und einer Fiberglasmatte wieder in das Faß.

Wickeln Sie die Matte um die Rohröffnung und ziehen Sie die Rohrschelle darüber fest an. So wird verhindert, daß feste Bestandteile den Hahn verstopfen.
Lassen Sie das Silikon oder den Flüssigstahl wenigstens 24 Stunden lang trocknen. In der Zwischenzeit bauen Sie eine Plattform aus Holzresten für das Faß. Ich habe 5 × 10 cm-Kanthölzer für Beine und Seiten und 19 mm-Tischlerplatte als Standfläche genommen. Die Abmessungen sind nicht entscheidend. Wichtig ist nur, daß die Standfläche groß genug für das Faß ist, daß die Beine leicht auswärts gespreizt sind, um das Gewicht zu verteilen, und daß die Plattform so hoch ist, daß eine Gießkanne oder ein Eimer unter den Hahn paßt. Wenn der Boden dort, wo das Faß später stehen soll, bei nassem Wetter matschig wird, dürfte es sich empfehlen, die Beine der Plattform mit Steinen oder Blöcken zu unterlegen. Ein volles Faß wiegt schließlich über 180 kg und sollte fest und sicher stehen.
Wenn die Plattform fertig und die Silikon-Dichtmasse trocken ist, sollten Sie das Faß mit einer Rostschutzfarbe streichen, zumindest an der Stelle, die Sie bis auf das blanke Metall abgeschliffen haben. Dann suchen Sie sich einen Platz für das Faß, und zwar entweder direkt im Garten oder möglichst nahe am Garten, damit Sie nicht den ganzen Sommer über eimerweise Düngetee schleppen müssen und dabei Ihre Socken düngen.
Stellen Sie Plattform und Faß nach Ihren Vorstellungen auf und bereiten Sie dann einen riesigen Teebeutel vor. Füllen Sie einen alten Futtersack mit frischem Dung, fertigem Kompost oder beidem. Fügen Sie an organischem Material zu, was Sie gerade bei der Hand haben. Denken Sie nicht lange über die Mengenverhältnisse nach. Ich mache immer einen wahllos zusammengestellten „Cocktail“ aus Ziegen- und Pfer-

dedung, Kompost, Nesseln, Schwarzwurz und ein paar Handvoll Rohphosphat, Granitstaub, Blutmehl und Algengranulat.

Binden Sie den Sack fest zu und legen Sie ihn in das Faß. Füllen Sie mit Wasser auf und lassen Sie die Mischung mehrere Tage ziehen, je länger, desto besser. Decken Sie das Faß auf jeden Fall mit einer Plastikfolie ab, die Sie mit einem stabilen Gummiband sichern. Oder machen sie sich einen Deckel aus Holz oder Metall. Irgendeine festsitzende Abdeckung benötigen Sie, weil sonst Ihr Faß zu einer Brutstätte für Wolken von Fliegen wird.

Bei der Anwendung von Dung- oder Kompostwasser gibt es keinerlei Geheimnisse. Manche Gärtner verdünnen die Mixtur, indem sie Wasser zugeben, bis die Flüssigkeit die Farbe von Tee hat. Andere verwenden ihr Kompostwasser unverdünnt (die Lösung verbrennt die Pflanzenwurzeln nicht). Wenn Sie die Mixtur verdünnen, hält sie natürlich länger, so daß Sie das Faß nicht so oft nachfüllen müssen.

Werfen Sie nach der Zubereitung von Kompostwasser den Kompost nicht weg; verwenden Sie ihn als Bodenbedeckung oder graben Sie ihn im Garten unter.

Mit einem Sack organischer Substanz kann das Faß normalerweise zweimal mit Wasser gefüllt werden. Danach wird die Mixtur zu schwach, um noch viel ausrichten zu können. Aber da in einem organischen Garten nichts verschwendet wird, werfen Sie den Inhalt des Sacks nicht weg. Er ist immer noch wertvoll für den Boden. Graben Sie ihn unter oder verwenden Sie ihn zur Bodenbedeckung.

Und hier ist noch ein Tip für den unternehmungslustigen Gärtner, neben dessen Garten sich eine Erhöhung befindet. Vielleicht ist in der Nähe ein Hügel oder eine Stützmauer. Wenn Sie das Faß höher als den Garten aufstellen, können Sie die Schwerkraft ausnutzen und brauchen den Komposttee nicht schöpflöffelweise zu verteilen. Befestigen Sie einen Schlauch am Hahn und wässern Sie Ihre Pflanzen mit nahrhaftem Komposttee!

Lagerung von Kompostmaterial bis zum Anlegen des Haufens

Was machen Sie mit Ihren Küchenabfällen, bis Sie genügend angesammelt haben, um Kompost zu bereiten? Wenn Sie alle vier Wochen Kompost machen, brauchen Sie etwas, in dem Sie Ihr Rohmaterial fliegen- und geruchfrei aufbewahren können, bis alles zu einem Komposthaufen zusammengestellt wird. Welche Methode Sie dazu wählen, hängt davon ab, wo und wie Sie leben.

Wenn Sie auf dem Lande leben und viel Platz haben, können Sie einen plündersicheren Sammelverschlag bauen, in dem für eine sichere Aufbewahrung der Abfälle gesorgt ist. Die Seiten dieses Verschlags müssen aus Beton, Hohlblöcken oder verrottungsfestem Holz sein. Außerdem brauchen Sie eine Abdeckung aus schwerem Drahtgitter oder Zaundraht. Bedecken Sie den täglich anfallenden Abfall mit Sägemehl, Hobelspänen, Erde oder Blättern, um die Fliegen abzuhalten.

Alles, was Sie hier machen, ist, daß Sie schrittweise einen Komposthaufen anlegen. Er erwärmt sich erst, wenn genügend Material zusammen ist – mindestens ein dreiviertel Kubikmeter –, also achten Sie darauf, die Zutaten ordnungsgemäß zu mischen und zu schichten. Wenn Sie ausreichend Küchenabfälle gesammelt haben, geben Sie noch mehr absorbierendes Material zu und fangen mit einem richtigen Komposthaufen an.

Der Gärtner in der Stadt oder Vorstadt hat möglicherweise mehr Probleme mit der Aufbewahrung von Küchenabfällen. Fliegen, Ratten, streunende Hunde und gereizte Nachbarn merken es sehr schnell, wenn Abfall nicht ordnungsgemäß aufbewahrt wird. Doch all diesem Ärger können Sie aus dem Weg gehen, wenn Sie den folgenden Rat befolgen.

1. Besorgen Sie sich ein paar 20-l-Eimer. Leere Farbeimer sind perfekt für diesen Zweck. Sie sind aus Plastik, haben fest schließende Deckel und werden lastwagenweise weggeworfen. Schauen Sie auf Müllkippen und Baustellen nach oder fragen Sie in Ihrem Malergeschäft.

2. Holen Sie sich feines Sägemehl. In Tischlereien und Schreinereien erhalten Sie möglicherweise jede Menge umsonst. In Sägemühlen bekommen Sie ein grobes Sägemehl, das es auch tut. Wenn Sägemehl nicht zur Verfügung steht, nehmen Sie Erde, Sand, Holzasche oder tote Blätter.

3. Deponieren Sie die täglichen Abfälle in einem 20-l-Eimer. Bedecken Sie sie mit mindestens 2,5 cm Sägemehl. Verschließen Sie den Eimer fest. Achten Sie

AUFBEWAHRUNG VON KÜCHENABFÄLLEN: In der Wohnung bzw. in der Stadt lassen sich Küchenabfälle in 20-l-Eimern aufbewahren. Die Abfälle eines Tages werden jeweils mit einer 2,5 cm starken Schicht Sägemehl bedeckt. Den Deckel immer fest verschließen. Wenn der Eimer fast voll ist, kommt eine besonders dicke Schicht Sägemehl obenauf, der Deckel wird wieder aufgesetzt und das Ganze an die Seite gestellt, bis genug für einen ganzen Komposthaufen zusammen ist.

darauf, daß absolut nichts zu riechen ist (Fliegen sind bei Abfallgeruch sekundenschnell zur Stelle; kein Gestank bedeutet keine Fliegen).

4. Wenn der Eimer beinahe voll ist, bedecken Sie die letzte Lage Abfall wieder mit Sägemehl und machen den Deckel fest zu. Stellen Sie den Eimer an die Seite, bis Sie genügend Material für einen Komposthaufen gesammelt haben.

Die vollen Eimer können Sie aufbewahren, wo es Ihnen am besten paßt. Insbesondere Farbeimer sind völlig tiersicher. Spritzen Sie die Eimer mit dem Schlauch aus, wenn Sie sie geleert haben.

Kompostanwendung – wie und wann

Die Anwendung von Kompost hat nichts Geheimnisvolles an sich. Sie können nicht zu viel oder zu oft Kompost aufbringen. Er verbrennt Ihre Pflanzen und Ihren Boden nicht und fügt ihnen auch sonst keinen Schaden zu. Und mit Sicherheit ist er nicht umweltschädlich. Die meisten Gärtner haben eigentlich nur ein Problem mit Kompost, nämlich daß sie nicht genug bekommen können.

Wann wird Kompost angewendet?

Nehmen Sie für wachsende Pflanzen nur fertigen Kompost; unfertiger Kompost eignet sich am besten für Teile des Gartens, die bereits abgeerntet sind.

Prüfen Sie zunächst den Zustand des Komposthaufens. Ist das Material nur teilweise verrottet? Halbfertiger Kompost bindet wie alle nicht oder nur teilweise zersetzten organischen Substanzen einen Teil des Stickstoffs im Boden, bis er völlig zersetzt ist. Verwenden Sie also teilweise verrottetes Material in Bereichen des Gartens, in denen Sie bereits geerntet haben und nicht wieder aussäen wollen, so wie es im Spätsommer oder Frühherbst der Fall ist.

Diese Jahreszeit ist außerdem für Maßnahmen zur Bodenverbesserung im allgemeinen am besten. Bringen Sie Mengen von Kompost, fertig oder nicht, und dazu tote Blätter, Pflanzenabfälle (wenn sie von gesundem Pflanzen stammen), Dung, gemähtes Gras und Obstabfälle vom Einmachen und Einfrieren in den Boden ein. Natürlich, das ist Flächenkompostierung, und was immer Sie in den Boden einbringen, es ist im Frühjahr durch den Frost und das Tauwetter gereift und hinterläßt einen Boden, der reich ist an Nährstoffen für Ihre Frühpflanzen.

In der eigentlichen Gartensaison ist es am besten, unfertigen oder noch faserigen Kompost etwa einen Monat vor dem tatsächlichen Pflanzen zu geben. Dann kann das Material sich noch weiter zersetzen. Doch Sie können feinen Kompost noch näher zur Pflanzzeit hin in den Boden einarbeiten, ja Sie können ihn noch am Tag des Umsetzens oder Säens verwenden. Das gilt für das Einbringen von Kompost direkt in den Boden, nicht für eine Verwendung als Bodenabdeckung.

Alles Material zur Bodenbedeckung hält den Boden kühl, so daß eine Lage Kompost um Frühtomatenpflanzen beispielsweise das Wachstum eher verlangsamen als anregen würde. Verwenden Sie Kompost als Bodenbedeckung für wärmeliebende Pflanzen deshalb erst, wenn sich der Boden Ende des Frühjahrs oder im Frühsommer völlig erwärmt hat.

Doch manche Pflanzen haben gern „kalte Füße" – Erbsen, Mitglieder der Familie der Kohlgewächse und Kartoffeln beispielsweise. Eine Lage Kompost zu Beginn des Frühjahrs tut ihnen gut, besonders wenn der Sommer bei Ihnen früh beginnt und heiß bleibt.

Im allgemeinen sind Herbst, Frühwinter und Anfang des Frühjahrs die besten Zeiten, um große Mengen Kompost in den Boden einzubringen, nicht so sehr um des Gartens willen, sondern um Ihretwillen, des Gärtners. Diese Monate sind am wenigsten mit täglich wiederkehrenden Arbeiten vollgestopft, so daß Sie sich besser auf den Bodenaufbau konzentrieren können, ohne zwischendurch immer wieder säen oder ernten zu müssen. Außerdem ist die Chance geringer, daß Sie Ihre Pflanzen beschädigen, wenn Sie rundherum Kompost untergraben.

Wenn Ihr Boden von der Struktur und Fruchtbarkeit her ausgesprochen schlecht ist, bringen Sie das organische Material am besten in großen Mengen im Herbst auf. Arbeiten Sie so viel Kompost oder frisches Material wie Dung, tote Blätter, Heu und Gemüse- oder Obstreste in die oberen 30 bis 45 cm des Bodens ein, wie Sie können. Lassen Sie die Oberfläche uneben. Das faserige Material gibt der Erde Halt gegen Erosion durch Wind und Wasser. Wenn dieses organische Material tiefer in die Erde gelangt, wird Humus im gesamten Wurzelbereich verteilt, wodurch dafür gesorgt ist, daß Feuchtigkeit und gelöste Nährstoffe vorhanden sind.

Graben Sie bei schlechtem Boden im Herbst Mengen von Kompost ein, und Sie sehen schon im nächsten Frühjahr die ersten Verbesserungen.

Fluchen Sie nicht auf Ihren schlechten Boden und greifen Sie stattdessen lieber zum Spaten. Eine einmal im Jahr 15 cm tief eingegrabene Lage Kompost von 7,5 cm Stärke hat erschöpften Boden nach der dritten Gartensaison verwandelt.

Das Ausstreuen von Kompost unmittelbar, bevor Sie Ihren Garten im Frühjahr umpflügen oder umgraben, ist ein weiteres ratsames Verfahren. Indem Sie organisches Material mit der sich langsam erwärmenden Erde mischen, geben Sie den sich schnell vermehrenden Bodenorganismen Nahrung. Diese Gemeinschaft von Kleinlebewesen, die für die Gesundheit der Pflanzen so lebenswichtig ist, erwacht zum Leben und pflanzt sich fort, wenn die Bodentemperatur auf etwa 0° C steigt. Doch wenn die Erde sich auf 10° C und darüber erwärmt, gehen die Organismen zu der intensiven Aktivität über, die das Kennzeichen für einen gesunden Boden ist. Das Aufbringen von Kompost zu Beginn des Frühjahrs bedeutet also, daß den Bakterien, Pilzen und anderen Lebensformen sofort, wenn sie ihre Aktivität und Vermehrung verstärken, organische Substanz als Nahrung zur Verfügung steht.

Das ist auch ein guter Grund, Kompost und natürlichen Gesteinsstaub im Sommer aufzubringen, wenn die mikrobielle Bevölkerung im Boden sich ihrem dynamischsten Zustand nähert. Pflanzen verlangen dem Boden mehr Nährstoffe bei warmem Wetter ab, doch das ist auch die Zeit, in der der Boden am meisten zu geben hat, weil nämlich dann die Bodenbakterien und anderen Organismen ungeheuer aktiv sind und organische und mineralische Substanzen zersetzen und die Nährstoffe für die Pflanzen verfügbar machen.

Es ist also durchaus angebracht, im Sommer Kompost und Gesteinsstaub anzuwenden und damit den Bodenlebewesen und Pflanzen, die nach frischem Material hungern, direkt Nahrung zukommen zu lassen. Organische Dünger und Bodenverbesserer aller Art (Humus, Granitstaub, Apatitgestein, Grünsand, Knochenmehl) werden ebenfalls am meisten im Sommer benötigt, weil sie dem Boden dabei helfen, Feuchtigkeit und Sauerstoff zu bewahren. Natürlich stellen diese Materialien zu jeder Zeit des Jahres eine vernünftige Investition für Ihren Garten dar. Ihre Pflanzen wachsen in der Anbauzeit üppig, und Ihr Boden vergrößert seinen langfristigen Vorrat an Nährstoffen.

Wie wird Kompost angewendet?

Für die Anwendung von Kompost gibt es eine Faustregel (einer grünen Faust natürlich), die besagt, daß man ein- oder zweimal in der Pflanzzeit eine Lage von 1 bis 7,5 cm auf die zu bepflanzenden Stellen aufbringen sollte. Arbeiten Sie den Kompost, wenn Sie ihn nicht als Bodenbedeckung verwenden, in die oberen 10 cm des Bodens ein, in denen die Bodenorganismen am aktivsten sind. Das können sie von Hand mit Schaufel oder Grabforke machen oder mit einer Bodenfräse.

Arbeiten Sie bei der Kopfdüngung den Kompost nicht tiefer als zweieinhalb Zentimeter in den Boden ein, damit die feinen Wurzeln der Pflanzen nicht beschädigt werden.

Kompostanwendung im Gemüsegarten

Gemüsepflanzen gedeihen prächtig, wenn sie in Boden gezogen werden, der reich an Kompost ist. Manche Leute behaupten, daß das Gemüse dann auch besser schmeckt. Ein Grund dafür, daß das wirklich so sein könnte, findet sich in neuesten Forschungsergebnissen, die besagen, daß Pflanzen, die in Humuserde gezogen werden, Mineralien besser aufnehmen als Pflanzen, die synthetischen Dünger erhalten.

Es gibt mehrere Möglichkeiten der Kompostanwendung im Gemüsegarten. Sie können, wie bereits vorgeschlagen, zu Beginn des Frühjahrs etwa einen Monat vor dem Pflanzen großzügige Mengen in die Erde einarbeiten. Sie können aber fertigen Kompost auch während der gesamten Anbausaison zur Seitendüngung verwenden. Bringen Sie ihn bandförmig zwischen den Reihen oder in Ringen um die Pflanzen herum aus. Arbeiten Sie ihn leicht in den Boden ein und achten Sie dabei darauf, am Fuß der Pflanzen nicht zu tief zu graben. Arbeiten Sie den Humus nur in die obersten zweieinhalb Zentimeter ein, damit nahe der Oberfläche befindliche Wurzeln nicht verletzt werden.

Vor dem Regen Kompost als Seitendüngung aufzubringen, ist eine weitere gute Idee, wie es auch das Einspülen von Humus mit einem Schlauch ist. Dadurch gelangen viele lösliche Nährstoffe bis hinunter in den Wurzelbereich und versorgen so die Pflanzen mit leicht aufzunehmender Nahrung.

Sie können auch unmittelbar, bevor Sie Pflanzen umsetzen oder Setzlinge pflanzen, großzügig Kompost verwenden. Die folgende Methode habe ich mit hervorragenden Ergebnissen eine Reihe von Jahren lang angewandt. Wenn ich Erbsen, Bohnen, Mais und Gurken aussäe, ziehe ich zunächst eine zehn Zentimeter tiefe Furche und fülle etwa 5 cm fertigen Kompost ein. Darüber kommen zweieinhalb Zentimeter Mut-

SEITENDÜNGUNG MIT KOMPOST: Der fertige Kompost wird zwischen den Reihen oder um die Pflanzen herum aufgebracht. Er wird etwa 2,5 cm in den Boden eingearbeitet. Dabei ist Vorsicht geboten, um die feinen Wurzeln nicht zu beschädigen.

terboden, und dann setze ich das Saatgut ein und bedecke es. Schließlich wird alles kräftig begossen (mindestens vierzig Liter pro Quadratmeter), es sei denn, in den nächsten 24 Stunden steht viel Regen zu erwarten.

Ebenso gehe ich vor, wenn ich Kürbisse und Beutelmelonen in Erdhaufen pflanze. Anstelle einer Furche grabe ich ein Loch mit einer Tiefe und Breite von 30 cm, das ich dann fast bis zur Kante mit Kompost fülle (wenn der Kompost knapp wird, mische ich das, was ich habe, mit reicher Muttererde). Darauf kommen mehrere Zentimeter Erde für den Haufen, in den dann die Samen gesetzt werden. Der Kompost bildet einen Vorrat an Nährstoffen für das Wachstum der jungen Pflanzen.

Mit Kompost unten in Ihren Pflanzlöchern sorgen Sie dafür, daß Ihre Pflanzen einen guten Start haben.

Alle meine verpflanzten Stecklinge erfahren die gleiche Behandlung. Wenn ich im Frühjahr mit Kohl-, Broccoli-, Blumenkohl- oder Salatstecklingen arbeite, grabe ich ein großes Loch. In das halb mit Kompost

Verwendung von Kompostwasser

Sie sollten etwas Kompostwasser den Winter über in Plastikkanistern aufbewahren (oder im Keller herstellen), damit Sie zu Beginn des Frühjahrs Ihre Pflanzen ansetzen können. Treibhausbesitzer und Großanbauer verwenden Komposttee als Lösung zum Ansetzen von Sämlingen. Flüssiger Kompost führt den Pflanzen unmittelbar einen gezielten Schuß Nährstoffe zu – eine wichtige Wuchshilfe, und zwar besonders nach dem Umsetzen.

Weichen Sie das Saatgut in Kompostwasser ein. Forschungsergebnisse zeigen, daß derart behandelte Samen besser keimen. Warum auch nicht? In der Natur werden sie schließlich auch in Humuswasser eingeweicht. Sie können sogar ein ganzes Tablett mit Saatgut in einem größeren Behälter einweichen. Samen, der in sterilisiertem Kompost angesetzt und mit Komposttee behandelt wird, geht nur selten an der Umfallkrankheit ein, der Pilzkrankheit junger Pflanzen.

Und wenn Ihre Pflanzen oder Bäume bereits schwächlich sind, versuchen Sie sie mit Kompostwasser wieder gesund zu pflegen. Geben Sie kranken Pflanzen mindestens einmal pro Woche diese nährstoffreiche Lösung. Gießen Sie blanke Stellen in Ihrem Rasen damit. Eine durchgeseihte Lösung können Sie auch direkt auf die Blätter der Pflanzen sprühen.

gefüllte Loch setze ich dann die Stecklinge und packe noch mehr Humus um ihre Wurzelballen.

Auch Tomaten, die mit Kompost gepflanzt werden, zeigen eine positive Reaktion; sie wachsen schnell und tragen gut, bis der Frost eintritt. Statt eines Lochs, ziehe ich bei Tomaten jedoch eine 10 cm tiefe Furche, in die 5 cm Kompost kommen. Ich lege die Tomatenpflanze in die Furche und bedecke den gesamten Stiel mit Mutterboden und Kompost. Die oberen fünf bis acht Zentimeter der Pflanze biege ich hoch und halte

HOCHBEETE: Für Kürbis und andere Pflanzen, die Hochbeete bevorzugen, wird ein 30 cm tiefes und 30 cm breites Loch gegraben und mit Kompost gefüllt. Darauf kommt dann das Hochbeet.

sie in senkrechter Stellung, indem ich Erde darum herum festdrücke.

An diesem Punkt liegt der Stiel der Tomatenpflanze waagerecht 5 cm unter der Oberfläche, und Blätter und Stiel ragen vielleicht 5 cm aus dem Boden. Bald bilden sich überall an dem eingegrabenen Stiel Wurzeln, durch die die Pflanze vermehrt Wasser und Nährstoffe aufnehmen kann.

Ich pflegte Tomaten senkrecht in mit Kompost angereicherte Löcher zu pflanzen, bis ich erkannte, wie gut es ist, wenn ihre Stiele waagerecht knapp unter der Oberfläche liegen. Diese fünf Zentimeter Humuserde erwärmt sich im Frühjahr schnell, viel schneller als die fünfzehn bis zwanzig Zentimeter Erde um aufrecht stehende Pflanzenstiele. Boden, der schnell warm wird, plus Kompost und aktive Mikroorganismen bedeuten robuste, gegen Austrocknung geschützte, überaus produktive Tomaten.

TOMATEN-PFLANZEN: Damit die Tomaten starke Wurzeln bekommen, wird eine 10 cm tiefe Furche gezogen, die mit 5 cm Kompost gefüllt wird. Die Tomatenpflanze wird in die Furche gelegt und der Stiel mit Mutterboden und Kompost bedeckt. Die oberen fünf bis sieben Zentimeter der Pflanze werden hochgebogen und durch die Erde so gehalten. Über die gesamte Länge des in der Erde befindlichen Stiels bilden sich Wurzeln und verleihen der Pflanze eine erhöhte Fähigkeit zur Wasser- und Nährstoffaufnahme.

Eine derartige Anwendung von Kompost – als Humus-„Oase" – hat meßbare Vorzüge. Die feuchte organische Substanz wirkt wie ein Schwamm; sie bildet ein Wasser- und Nährstoffreservoir für die Pflanzen, das die gesamte Saison hindurch Wasser und Nährstoffe abgibt, ohne daß Sie sich viel darum kümmern müssen. Natürlich bedeutet es etwas mehr Arbeit, die Löcher zu graben und die Furchen zu ziehen, doch im Endergebnis macht sich das mehr als bezahlt.
Die Bodenbedeckung mit Kompost ist eine weitere ausgezeichnete Möglichkeit, den Gemüsepflanzen, Büschen und Bäumen Nährstoffe zukommen zu lassen und gleichzeitig das Unkraut zu bekämpfen, die Feuchtigkeit zu erhalten und die Bodenstruktur zu verbessern. Das Material bleibt natürlich auf der Oberfläche liegen, aber Würmer zerren die organische Substanz nach und nach in die Erde, wobei sie Gänge und nährstoffreiche Auswürfe hinterlassen (Wurmausscheidungen). Bei der Bodenbedeckung mit Humus um Pflanzen herum handelt es sich eigentlich um eine Flächenkompostierung in kleinem Maßstab. Damit wird ein bedeutender Beitrag zur Bodenverbesserung geleistet.
Führen Sie die Bodenbedeckung nicht so früh im Frühjahr durch, daß der Boden gegen eine Erwärmung isoliert wird. Und in Gegenden, in denen der Frost früh einsetzt, sollte die Bodenbedeckung im Spätsommer entfernt werden. Organisches Material, das zu spät in der Saison um Pflanzen herum aufgehäuft wird, kann die Kälte einschließen, wodurch die Pflanzen anfälliger gegen Frostschäden werden und den wärmenden Strahlen der Sonne weniger zugänglich sind.
Bei der Bodenbedeckung ist es wichtig, daran zu denken, daß die benötigte Schicht um so dünner ist, je feiner der Kompost ist. Fertiger Kompost aus Pferde-

dung und Erdnußschalen ist beispielsweise so fein wie Sägemehl, so daß eine 7,5 cm dicke Schicht genügt. Auf der anderen Seite müßte ein groberer Kompost aus unzerkleinerten Blättern, Stroh oder Heu in einer Stärke von mindestens 15 bis 20 cm aufgebracht werden, um die gleiche Wirkung zu erzielen.

Kompostanwendung im Blumengarten:
Alle Blumenarten profitieren von einer großzügigen Gabe gesiebten Komposts. Wenn Sie im Frühjahr die Beete für Ihre einjährigen und Ihre winterharten Blumen bearbeiten, bringen Sie Kompost in die oberen fünf bis zehn Zentimeter des Bodens ein. Nehmen Sie Kompost auch zur Seitendüngung für wachsende Blumen, indem Sie ihn mit der obersten Lage Erde mischen. Als 2,5 bis 5 cm starke Bodenbedeckung verhindert Kompost das Unkrautwachstum und bewahrt die Bodenfeuchtigkeit.
Sie können auch Kompost und Vermiculit (mehr darüber im Abschitt über Zimmerpflanzen und Keimung weiter hinten) mischen und darin Blumensamen kei-

SEITENDÜNGUNG IN BLUMENBEETEN: In Blumenbeeten läßt sich Kompost genauso wie im Gemüsegarten verwenden. Der Kompost kommt zwischen die Blumenreihen und wird etwa 2,5 cm in den Boden eingearbeitet.

men lassen. Oder Sie können, wenn Sie die Blumen direkt im Garten aussäen, das Saatgut in den Furchen mit fein gesiebtem Kompost bedecken.

Häufeln Sie Ihre Rosenbüsche an, damit sie im Winter geschützt sind? Mischen Sie viel Kompost unter die Erde, und Ihre Rosen haben es im nächsten Frühjahr leichter.

Eine Mischung aus gleichen Teilen gesiebten Komposts und Vermiculit ergibt ein ausgezeichnetes Medium zur Keimung von Blumensamen im Haus.

Die Anwendung von Komposttee ist eine weitere Möglichkeit, wie Sie Ihren Blumen die Vorteile von Humus in flüssiger Form verschaffen können. Bauen Sie sich das im vorhergehenden Kapitel beschriebene große Faß für Kompostwasser oder mischen Sie einfach Wasser und Kompost in einer Gießkanne. Lassen Sie die Mischung mehrere Stunden stehen (je länger, desto besser), und versprengen Sie sie großzügig um Ihre Pflanzen herum.

Reichliche Gaben von Kompost führen Ihren blühenden Pflanzen nicht nur in sanfter Form Nährstoffe zu, sondern halten auch den Feuchtigkeitsgehalt der Blumenbeete auf hohem Stand, was die Ameisen abschreckt. Es gibt auch Anzeichen dafür, daß Kompost die Farbe von Blättern, Blüten und Früchten beeinflußt. Die Pflanzenfärbung wird durch Pigmente im Chlorophyll bestimmt, einer in der Luft und in der Erde vorkommenden Substanz aus chemischen Elementen und Verbindungen wie Stickstoff, Kohlendioxid und Magnesium. Pflanzen, die in reichlich nährstoffreichem Humus gezogen werden, können in der Tat kräftigere Farben entwicklen als Pflanzen, die nur mit Hilfe von Kunstdünger oder in schlechtem Boden gezogen werden.

Kompostanwendung für Bäume und Büsche

Vielleicht haben Sie nicht genügend fertigen Kompost für eine verschwenderische Bodenbedeckung um all Ihre Bäume und Büsche, so daß Sie eine Flächenkompostierung in Betracht ziehen sollten. Bringen Sie bei

KOMPOST UM BÄUME: Der Kompost wird in Form eines Rings um den Baum herum aufgebracht, der sich von einem Punkt in einer Entfernung von etwa 60 cm vom Stamm bis 30 cm über die äußersten Zweige hinaus erstreckt.

Bäumen Blätter, gemähtes Gras, Heu und anderes Material unter die Tropflinie und harken sie es zu einem Ring aus, der sechzig Zentimeter vom Stamm entfernt beginnt und etwa dreißig Zentimeter über die äußeren Äste hinausragt (wenn Sie organisches Material direkt am Stamm aufhäufen, bedeutet das im Winter eine Einladung für Feldmäuse und Kaninchen, die sich dort einnisten und von der Rinde ernähren). Auch verdorbenes und verrottetes Obst können Sie direkt unter dem Baum, von dem es gefallen ist, als Bodenbedeckung verwenden. Bedeckt mit einer 15 cm dicken Lage aus gemähtem Gras oder trockenen Blättern zieht verrottetes Obst auch keine Fliegen an und verursacht keinen schlechten Geruch. Lassen Sie die Sache jedoch sein, wenn das Obst verseucht oder stark von Insekten befallen ist. Obst in diesem Zustand

sollte zu einem heißen Komposthaufen gegeben oder verbrannt werden.
Eine Kompostbedeckung an Obstbäumen bietet neben den Nährstoffen, die sie beisteuert, noch einen anderen Vorteil. Weil eine dichte Bodenbedeckung den Boden kühl hält, hält sie die Bäume davon ab, im Frühjahr zu früh zu blühen, und zwar insbesondere bei einer dieser verrückten Tauwetterperioden, denen unweigerlich ein tödlicher Frost folgt.
Büsche können in der gleichen Weise wie Bäume behandelt werden. Arbeiten Sie am Fuß der Büsche Kompost in die Erde ein oder sorgen Sie für eine Bodenbedeckung aus verschiedenartigem organischen Material.
Bäume und Büsche aller Art profitieren auch von einer regelmäßigen Anwendung von Komposttee.

Kompostanwendung für Zimmerpflanzen und zur Keimung:
Humus aus einem heißen Kompostierungsprozeß, bei dem alle Zutaten Temperaturen von 60 bis 71 Grad C unterworfen waren, ist auf natürlichem Wege sterilisiert worden. Der Unkrautsamen ist zerstört wie auch Fliegenlarven und verschiedene Krankheitskeime (wie etwa der, der zur Umfallkrankheit führt, einer Krankheit, die man als Geißel der Stecklinge bezeichnen könnte). Antibiotische Substanzen, die durch Pilze beim Kompostierungsvorgang produziert werden, hemmen daneben die Aktivitäten von Krankheitserregern und Parasiten, die die Pflanzen befallen könnten. Somit ist fertiger Kompost, fein gesiebt, ein ideales Medium für die Anzucht und eine ideale Topferde. Weil Kompost nicht auf die gleiche Weise sterilisiert wird wie die Topferde-Mischungen aus dem Laden, enthält er nützliche Kleinlebewesen und langsam freigesetzte Nährstoffe im Überfluß. Kompost als

Anzuchtmedium sorgt für eine gesunde Keimung und kräftigt die Keimlinge.

Warten Sie nicht bis zum Frühjahr damit, genügend Kompost für Ihre Keimgefäße und Töpfe zu sammeln. Sie wollen den Kompost doch bereit haben, wenn Sie ihn benötigen – im Januar, Februar oder März, je nach dem, wo Sie leben. Sammeln Sie im Herbst, wenn die Gartenarbeit weniger wird, einen reichhaltigen Vorrat an sterilisiertem Humus. Geben Sie das Material durch ein Sieb mit 6-mm-Öffnungen und lagern Sie es abgedeckt in festen Müll- oder Abfalleimern (bewahren Sie das grobere Material auf; Sie können es unten in Keimgefäße und Töpfe legen und damit für eine gute Entwässerung sorgen). Achten Sie darauf, daß der Kompost völlig trocken ist, bevor Sie ihn für den Winter wegstellen. Sonst erhalten Sie eine überreiche Pilzernte.

Mischen Sie zur Anzucht oder als Topferde für Zimmerpflanzen gesiebten Kompost mit der gleichen Menge Vermiculit. Das ist ein natürliches glimmerartiges Mineral, das bei Erhitzung auf nahezu 1100 Grad C entsteht, wobei es zu mit Luftzellen übersäten flockigen Körnchen wird. Auf diese Art behandelt, kann Vermiculit Luft halten und mehrere Male sein Eigengewicht in Wasser. Außerdem enthält es etwas lösliche Pottasche und Magnesium.

Geben Sie Kompost durch ein feinmaschiges Sieb, wenn Sie ihn für Topferde verwenden wollen; das dabei übrigbleibende grobere Material können Sie anstelle von Kieselsteinen unten in die Töpfe legen.

Eine Mischung aus gleichen Teilen Kompost und Vermiculit ist luftig, hält die Feuchtigkeit und ist gleichzeitig gut entwässert und enthält reichlich Spurenelemente und wachstumsfördernde Organismen. Wenn Sie jedoch kein Vermiculit kaufen wollen, können Sie auch Sand nehmen. Es sollte aber rundkörniger Fluß- oder Wüstensand sein und kein scharfkantiger Sand, der leichter zusammenbackt. Eine Topferde für allgemeine Zwecke läßt sich auch aus 2 Teilen Gartenlehm, 1 Teil Sand und 1 Teil Kompost herstellen.

Ein weiterer Vorteil der Mischung aus Vermiculit und Kompost besteht darin, daß nichts mehr zugegeben werden muß, um den richtigen pH-Wert zu erreichen. Das Untermischen von Kalkstein bei der Herstellung von Topferde ist eine heikle Angelegenheit. Man fügt leicht zu viel Kalk zu, wodurch der pH-Wert in Richung alkalisch geht. Fertiger Kompost ist jedoch leicht sauer bis neutral, während Vermiculit mit einem pH-Wert von 7,0 bis 7,5 leicht alkalisch ist, so daß sich insgesamt ein gutes Gleichgewicht zwischen den beiden ergibt. Erneuern Sie die Topferde einmal im Jahr, wenn es Ihnen gerade paßt, damit sie gut entwässert und durchlüftet ist. Wenn Sie nicht umtopfen können oder wollen, arbeiten Sie mehrere Male im Jahr Kompost in Ihre Blumenkästen und -kübel ein. Für Pflanzen wie beispielsweise Azaleen, die es lieber etwas sauer haben, können Sie auch extra Kompost aus Fichtennadeln und Eichenblättern bereiten.

Wirklich alle Ihre Zimmerpflanzen profitieren von gelegentlichen Anwendungen von gesiebtem Kompost. Kompost ist zwar einerseits eine ausgezeichnete Pflanzennahrung, doch andererseits ist die Menge, die Sie für Ihre Keimgefäße und Töpfe benötigen, nur klein und wird oft begossen, so daß Sie sich darauf einrichten sollten, Ihren Pflanzen regelmäßig Flüssignahrung zukommen zu lassen. Versuchen Sie es mit einer Mischung aus 1 Eßlöffel Fischemulsion, 1 Eßlöffel Flüssigtang und 1 Teelöffel Blutmehl auf knapp vier Liter Wasser. Oder verwenden Sie Komposttee (Hinweise zum Bau eines großen Kompostteebehälters finden Sie im vorhergehenden Kapitel). Gießen Sie Keimlinge damit einmal in der Woche oder einmal in zehn Tagen, und zwar bis etwa eine Woche vor dem Abhärtungsprozeß. Zimmerpflanzen können in ihrer aktiven Wachstumsphase zweimal im Monat Komposttee erhalten.

Gesiebter Kompost bewährt sich auch ausgezeichnet

als Abdeckung für neue Aussaaten in Frühbeeten, glasgedeckten Pflanzenkästen, Treibhäusern und im Garten. Streuen Sie ihn gleichmäßig über die Samen und halten Sie ihn feucht. Er wird die Triebe nicht mit einer Kruste überziehen und ersticken, wie es bei schwerer Gartenerde oft der Fall ist.

Die Wirkung von Kompost auf den Boden

Die Wirkung, die Kompost auf den Boden – auf jeden Boden – ausübt, ist bemerkenswert. Kein in einem Laboratorium zusammengestelltes synthetisches oder chemisches Gebräu oder Düngemittel schafft das, was Kompost schafft. Ganz egal, in welchem Zustand Ihr Boden ist, ob es sich um festen Ton oder überdurchlässigen Sand handelt, freigiebige Gaben von Humus können ihn in den reichen Lehm verwandeln, von dem alle Gärtner träumen.

Selbst wenn Sie in einer Vorstadtsiedlung wohnen, in der Bulldozer den Mutterboden abgekratzt und es Ihnen überlassen haben, sich mit der Spitzhacke durch zementartigen Unterboden und Stein zu arbeiten, können Sie durch das Untergraben von Kompost zu einem tiefen, krümeligen, produktiven Boden kommen.

Kompost verbessert schlechten Boden in einer Art und Weise, wie es kein Kunstdünger fertigbringt.

Aber vielleicht haben Sie ja wirklich das Glück, über guten Boden zu verfügen, der locker ist und sich leicht bearbeiten läßt. Nun, lehnen Sie sich nicht zu lange auf den Stiel Ihrer Hacke und preisen Ihre Segnungnen. Selbst der beste Boden kann schnell erschöpft sein, wenn man ihm nicht regelmäßig organische Substanz zuführt. Das ist der Grund dafür, daß Kompost das Herz und die Seele der organischen Anbaumethode ist. Mit Mengen von Humus können Sie den erschöpftesten Boden wieder aufbauen oder einen guten Boden in erstklassigem Zustand halten.

Warum sind Kompost und Humus so wichtig für einen gesunden Garten? Zunächst einmal ist Erde

nicht inaktiv. Der Boden in Ihrem Garten ist eine unglaublich komplexe Mischung von mineralischen und organischen Substanzen, Luft, Wasser und Lebewesen in astronomisch hoher Zahl. Nehmen Sie einen Teelöffel voll Erde auf und Sie haben fünf Milliarden mikroskopisch kleine Organismen in der Hand – Hefepilze, Algen, Pilze, Viren, Protozoen und Bakterien. Schauen Sie sich eine Bodenprobe genau an, und Sie sehen eine Welt, in der es von Käfern, Spinnen, Larven, Würmern und vielen anderen Kreaturen wimmelt, die alle zusammen die Gemeinschaft ausmachen, die Sie Garten nennen. Aber die Hauptbestandteile Ihres Bodens, diejenigen, die seine physikalische Struktur und seine Fruchtbarkeit bestimmen, sind die mineralischen und organischen Anteile.
Mineralische Substanz besteht aus Teilchen von ehemals festem Fels, der im Verlauf vieler Jahrhunderte verwittert ist und sich zersetzt hat. Organische Substanz hingegen ist verrottetes und lebendes Material wie etwa Stiele, Wurzeln, tote Insekten und Tiere, Blätter und Ausscheidungen. Vollkommen zersetzte organische Substanz wird, wie wir schon gehört haben, Humus genannt. Diese beiden Faktoren, Menge und Art der Mineralstoffe, bestimmen die Struktur und Brauchbarkeit eines gegebenen Bodens – seine Bestellbarkeit. Um festzustellen, warum das so ist, wollen wir einen näheren Blick auf den Mineralanteil im Boden werfen.
Alle Böden fallen unter drei Hauptkategorien – Ton, Sand und Schlick. Tonpartikel sind am kleinsten, sie werden nur unter einem Elektronenmikroskop sichtbar. Sand- und Schlickpartikel sind größer, sie haben einen Durchmesser von einem halben bis etwa zwölf Millimeter. Die meisten Böden sind Mischungen aus Ton, Sand und Schlick, wobei ihre Hauptmerkmale von der vorherrschenden Partikelart bestimmt werden.

Diese winzig kleinen Tonpartikel haben beispielsweise eine oblatenartige Form. Sie setzen sich leicht zusammen und bilden eine zähe Masse, in der es an Luft fehlt und die das Wasser schlecht ableitet. Tonböden bleiben im Frühjahr kalt und feucht und werden bei trockenem Wetter steinhart. Und wenn es dann schließlich regnet, läuft ein Großteil des Wassers auf der sonnverbrannten Oberfläche ab.

Wenn Sie schon Schwierigkeiten haben beim Umgraben von Ton, stellen Sie sich einmal vor, wie schwer es für die Pflanzen ist. Im Ton finden sich reichlich Nährstoffe in gelöster Form, doch die Wurzeln müssen einiges mitmachen, wenn sie sich ihren Weg durch die dicht an dicht liegenden Partikel erkämpfen.

Bei sandigen Böden ist es genau umgekehrt. Grobe Sandpartikel bleiben locker, lassen leicht Luft eindringen, lassen die Pflanzenwurzeln sich relativ leicht ausbreiten und, weil die Sandpartikel nicht aneindanderkleben, leiten das Wasser schnell ab – zu schnell. Sandigem Boden fehlt die Masse, so daß wertvolle Nährstoffe aus den Wurzelbereich ausgewaschen werden, wie bei Wasser, das man durch ein Sieb mit Murmeln gießt.

Der ideale Boden, Lehm genannt, liegt zwischen den Extremen dichter Ton und lockerer Sand. Lehm ist eine Mischung von Ton, Sand und Schlick mit genau den Anteilen, bei denen die guten Eigenschaften der einzelnen Partikel die schlechten der anderen kompensieren. Tonige oder sandige Lehmböden halten die Feuchtigkeit, ohne sich vollzusaugen. Sie leiten das Wasser gut ab, jedoch nicht so schnell, daß ein starker Verlust an Nährstoffen durch Ausspülung erfolgt.

Lehm, der ideale Boden, enthält alle drei Arten von Bodenpartikeln – Sand, Schlick und Ton – im genau richtigen Verhältnis.

Aber nur wenige Gärtner haben etwas, was einem idealen Boden nahekommt, ganz zu schweigen von einem reichen Lehmboden. Die meisten Leute müssen sich mit einem der beiden Extreme plagen; ihr Boden ist entweder zu schwer oder zu leicht. Und selbst bei

Die Bodenstruktur verbessert sich schon bei der allerersten Anwendung von Kompost.

Lehmboden beklagen sich viele Gärtner noch, daß ihr Grund und Boden keine richtige Ernte hervorbringt. Irgendetwas scheint zu fehlen. Dieses Etwas besteht aus organischer Substanz und Humus.

Kompost und Bodenstruktur

Die meisten Böden enthalten etwas organische Substanz, aber die tatsächliche Menge ist je nach Ort und Bodenbedingungen starken Schwankungen unterworfen. Ein gut gepflegter Garten oder Bauernhof, dessen Besitzer nicht darauf geachtet haben, der Erde wieder Pflanzenreste, Kompost oder Dung zuzuführen, bringt es vielleicht auf einen Anteil von nur einem Prozent organischer Substanz im Boden.

Humus ist für die Gesundheit des Bodens von lebenswichtiger Bedeutung, und zwar wegen seiner Wirkung auf den physikalischen Zustand des Mineralstoffanteils. Nehmen wir einmal an, Sie hätten einen Tonboden mit all den unglücklichen Eigenschaften dieses schweren Mediums. In diesem Fall zwängen sich die Humuskörner wie Keile zwischen die flachen Tonpartikel, wenn Sie Kompost untergraben, und lockern dadurch die Masse auf, schaffen Porösität, lassen die Luft eindringen und das Wasser ablaufen.

Vielleicht haben Sie sandigen Boden. Fügen Sie Humus hinzu, und es ergeben sich ähnlich vorteilhafte Wirkungen. Die organischen Teilchen verschaffen den nicht gebundenen Sandkörnern etwas Masse und Aufnahmefähigkeit. Der extrem lockere Boden wird saugfähiger und hält Wasser und Nährstoffe an Ort und Stelle.

Natürlich passiert nichts dergleichen über Nacht. Sie können nicht einfach in Ihren Garten laufen, schnell eine einmalige Gabe Kompost ausbringen und drama-

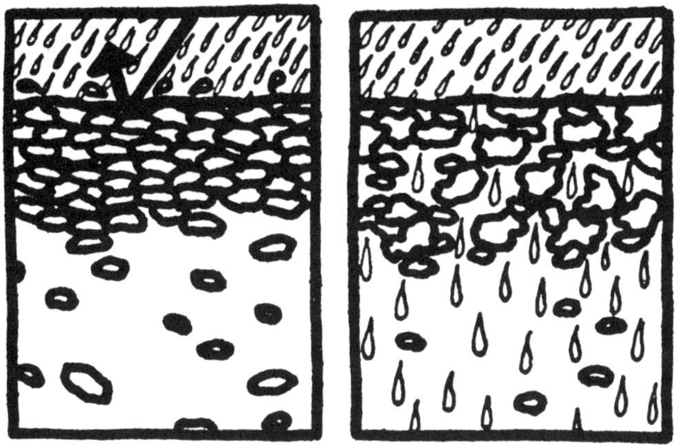

WIRKUNG VON HUMUS AUF TON: Die winzigen waffelförmigen Tonpartikel liegen eng zusammen und machen es für Wurzeln und Wasser schwer, einzudringen (links). Durch Zugabe von Humus wird die Tonmasse aufgebrochen, die Porösität steigt, Wasser und Luft können leichter eindringen (rechts).

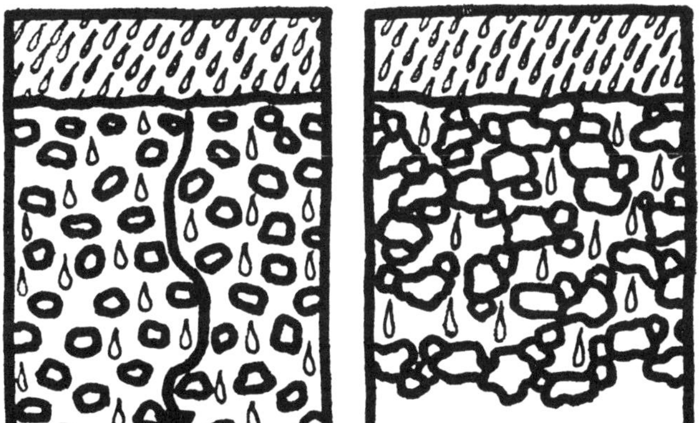

HUMUS IN SANDIGEM BODEN: Wasser und darin befindliche Nährstoffe laufen schnell durch den aus großen Sandpartikeln bestehenden lockeren Boden (links). Wenn Humus in den Boden eingebracht wird, erhalten die Sandpartikel eine größere Masse und Absorptionsfähigkeit, wodurch sie Wasser und Nährstoffe für die Pflanzen besser festhalten können (rechts).

tische Verbesserungen erwarten. Sie müssen regelmäßig und in großen Mengen Kompost aufbringen und dabei den Kardinalfehler vermeiden, den Boden zu sehr zu verdichten. Aber trotzdem, wenn Sie mit dem Kompost großzügig umgehen, erleben Sie mit Sicherheit ein paar Veränderungen, selbst in einer einzigen Saison.

Beim ersten Ausbreiten oder Untergraben von Kompost beginnt sich die Krumenstruktur Ihres Bodens zu verbessern. Haben Sie jemals einen genauen Blick auf wirklich gute Gartenerde geworfen? Die Erde bildet kleine Körnchen, die wie Kaffeesatz aussehen. Das ist bei humusreichen Böden eine natürliche und erwünschte Erscheinung. Die Keil- und Bindewirkung von Humuspartikeln und Huminsäuren führen zu einem freieren Durchzug von Luft und Wasser. Außerdem können sich Pflanzenwurzeln und Bodenorganismen auf ihrer Suche nach Nährstoffen leichter durch granulierte Erde bewegen. Eine gute Krumenstruktur ist weiterhin wichtig, weil die mikroskopisch kleinen Wurzelhärchen sich ihre Nährstoffe aus einem dünnen Wasserfilm um die Erdpartikel ziehen müssen.

Schwerer Ton behindert diesen Vorgang, indem er die Nährstoffe sowohl physikalisch als auch chemisch bindet. Bei extrem lockerem Boden andererseits werden die Nährstoffe schnell aus der Wurzelzone ausgewaschen. Indem Sie jedoch Ihrem Garten regelmäßig Kompost geben, üben Sie einen ausgleichenden Einfluß aus. Durch die Anwendung von Kompost in extremen Böden werden zahllose winzige Krumen von humusbedeckten Mineralien geschaffen, die einen Vorrat an Wasser und Pflanzennährstoffen enthalten. Diese Krumen enthalten auch Luft. Wir haben schon über die Bedeutung von Sauerstoff im Komposthaufen gesprochen, doch auch Ihre Gartenerde braucht gleichermaßen Luft, wenn sie in einem optimalen

Kompost verlängert die Anbauzeit

Wußten Sie, daß Sie eine Verlängerung der Anbauzeit erreichen können, wenn Sie viel Kompost in Ihrem Garten verwenden? Sie können im Frühjahr eher anfangen und bis in den Frühwinter hinein ernten. Kompost macht Ihren Boden dunkler, und dadurch kann er die Sonnenstrahlen besser aufnehmen. Dunkle Flächen nehmen die Wärme besser auf als helle, so daß humushaltiger Boden sich schneller erwärmt und länger warm bleibt als Erde mit einer hellen Farbe.
Die Tatsache, daß Humus für eine gute Durchlüftung sorgt, trägt ebenfalls zu dieser Wirkung bei, da die Erde porös und feucht bleibt. Schwere, nasse Böden bleiben immer bis weiter in das Frühjahr hinein kälter als sandige oder humusreiche Erde.

Zustand sein soll. In verdichteten oder voll Wasser gesogenen Böden ist nur wenig Platz für Sauerstoff, wodurch ein Zustand des Luftmangels entsteht, der die Aktivität der Kleinlebewesen verlangsamt, die Aufnahme von Wasser und Mineralien verringert und das Pflanzenwachstum verzögert. Dieser Zustand kann sogar die Bildung gewisser anorganischer Verbindungen verursachen, die für die Pflanzen giftig sind.
Gärtner betrachten die Luft nicht oft als Nährstoff, doch ihr Vorhandensein im Boden ist von alles überragender Wichtigkeit. Ohne ausreichend Sauerstoff wird der wenige Humus, den ein an Luftmangel leidender Boden vielleicht enthält, biologisch inaktiv. Der Stickstoffgehalt des Bodens sinkt, der pH-Wert steigt in den alkalischen Bereich, und der Gesamtgehalt an organischer Substanz fällt.
Viele Vorgänge im Boden hängen ebenfalls von der richtigen Durchlüftung ab. Verschiedene, für die Pflanzenentwicklung erforderliche Mineralstoffe wer-

den nur bei Vorhandensein von Sauerstoff in Formen umgesetzt, mit denen die Pflanzen etwas anfangen können. Durch einen Oxidierungsprozeß wird Schwefel zu Schwefeldioxid, Kohlenstoff zu Kohlendioxid und Ammoniak zu Nitrat. Das bedeutet also, daß ein schlecht durchlüfteter Boden die den Pflanzen zur Verfügung stehende Menge und Art von Mineralstoffen beträchtlich einschränkt.
Wenn viel Luft vorhanden ist, regt das auch die Aktivität der aerobischen Kleinlebewesen an. Wir haben gesehen, wie wichtig bestimmte Bakterien und Pilze aus der Erde beim Kompostierungsvorgang sind. Diese und andere Kleinlebewesen spielen allgemein im Boden eine wichtige Rolle, nämlich bei der Umwandlung von Stickstoff und anderen Mineralien in Formen, die von den Wurzeln aufgenommen werden können, bei der Zersetzung organischer Substanz und bei der Bildung natürlicher Antibiotika.
Ein poröser Boden atmet im wahrsten Sinne des Wortes; er tauscht Gase mit der Atmosphäre aus. Über der Erde nehmen die Blätter Kohlendioxid auf und setzen Sauerstoff frei. Im Boden geschieht das Gegenteil. Die Wurzeln nehmen Sauerstoff auf und geben Kohlendioxid ab. Aber bei der Zersetzung von organischer Substanz wird ebenfalls Kohlendioxid freigesetzt, so daß Wurzeln und Mikroben, wenn der Boden nicht durchlässig ist, nach Sauerstoff hungern und gleichzeitig unter zu viel Kohlendioxid leiden.
Glücklicherweise ist es jedoch nicht schwierig, Ihren Boden mit Luft zu versorgen. Humusreiche Erde ist automatisch gut durchlüftet, weil sie mit Lufttaschen durchzogen ist.

Kompost als Pflanzennahrung

Kompost ist eine milde und ausgewogene Pflanzennahrung, die ihre Nährstoffe nach und nach abgibt – genau wie die Pflanzen es brauchen.

Aber mal abgesehen von seiner Wirkung auf die Bodenstruktur, wie gut ist Kompost nun als Pflanzennahrung? Organisch arbeitende Gärtner werden Ihnen erklären, daß er nicht zu schlagen ist. Aber der Verkäufer in Ihrem Gartenbedarfsgeschäft wird dem wahrscheinlich nicht zustimmen und behaupten, „ohne richtigen Dünger können Sie kein gutes Gemüse ziehen". Die darin deutlich werdende Behauptung: Kompost sei einem Sack der neuesten Mischung der Petrochemie irgendwie unterlegen.
Es stimmt zwar, daß Kompost, wie sorgfältig er auch bereitet wurde, nicht die unmittelbare chemische Schlagkraft von Kunstdünger hat, doch das ist eigentlich eher eine Stärke als eine Schwäche. Die „Kraft" von Kunstdüngern kann (und tut es auch) unseren Böden schaden, unsere Flüsse und Bäche verheeren und uns in Abhängigkeit halten von überteurem Öl und Erdgas.
Kompost ist einfach, kostenlos, reichlich vorhanden und von Natur aus wirksam. Vielleicht ist das zu schön, um wahr zu sein. Doch schauen Sie sich einmal an, wie die Pflanzen sich ernähren. Durch Photosynthese verwandeln sie mit Hilfe des auf ihre Blätter fallenden Sonnenlichts Luft und Wasser in ihren Grundnährstoff um, einen Zucker aus Kohlenstoff, Wasserstoff und Sauerstoff. Aber die Pflanzen brauchen mehr als nur Sonnenschein; sie benötigen dazu noch eine ausgewogene Mischung von Mineralstoffen – Phosphor, Kalium, Stickstoff und Schwefel (die Makronährstoffe) in großen Mengen, Magnesium, Chlor, Bor und wahrscheinlich Natrium (die Mikronährstoffe) in kleinen Mengen und Kupfer, Zink, Molybdän und Mangan (die Spurenelemente) in winzigen Mengen.

Der Kationen-Austausch:
Kohlenstoff, Wasserstoff und etwas Stickstoff können sich die Pflanzen aus der Atmosphäre holen, doch die Mehrheit der notwendigen Mineralstoffe muß dem Boden entnommen werden, indem die Wurzeln submikroskopisch kleine Partikel absorbieren. Verschiedene Mineralstoffe sind in der Erde als Kationen zu

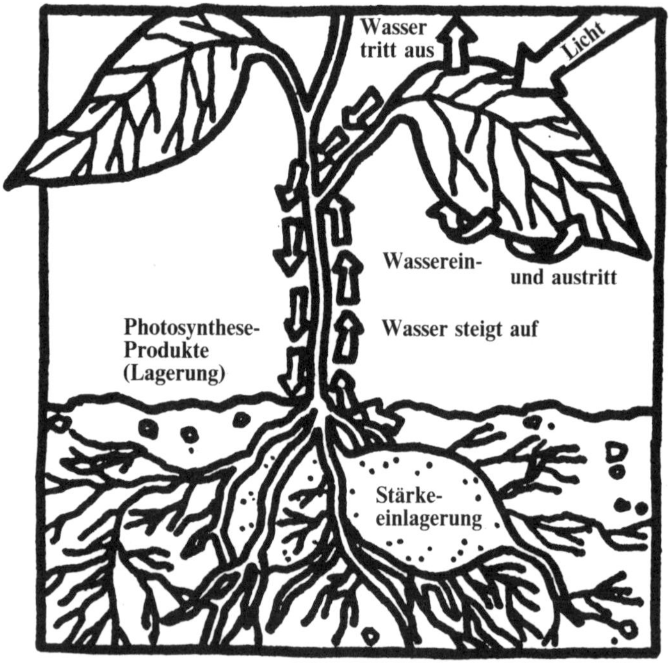

PHOTOSYNTHESE: Bei der Photosynthese wandeln Grünpflanzen die Sonnenenergie in chemische Energie um. Durch die Wurzeln wird Wasser aufgenommen und durch Kapillarwirkung über den Stiel an die Blätter weitergeleitet. Bei Sonnenlicht werden Kohlendioxyd, das durch Spaltöffnungen in die Blätter gelangt, und Wasser in Kohlenhydrate umgeformt. Überschüssiges Wasser und Sauerstoff werden an die Atmosphäre abgegeben, und die Kohlenhydrate wandern über den Stiel in die Wurzeln, wo sie eingelagert werden.

KATIONEN-AUSTAUSCH: Wenn die Wurzeln auf der Suche nach Nährstoffen mit Bodenpartikeln in Berührung kommen, an denen sich die notwendigen Kationen befinden, in diesem Fall Magnesium, werden die gebundenen Wasserstoff-Kationen (oben) freigesetzt und gegen eine gleiche Menge Magnesium-Kationen ausgetauscht (unten). Die Ionen des Minerals werden dann von den Wurzeln aufgenommen und der Pflanze zugeführt.

---

finden, positiv geladene Moleküle. Die Moleküle von Humus und Ton auf der anderen Seite sind Anionen mit negativer Ladung. Weil sich Gegensätze anziehen, bewegen sich die Kationen auf die Humus- und Ton-Anionen zu und hängen sich wie Magnete fest, wodurch sie in der Erde gehalten werden und den Wurzeln zur Verfügung stehen. Wenn die Pflanzenwurzeln die Nährstoffe aufnehmen, hat der Vorgang des Kationen-Austauschs stattgefunden. Zu den als Kationen vorkommenden Mineralien gehören Kalium, Magnesium, Kalzium, Ammonium (eine in kleinen Mengen im Boden zu findende Stickstoffverbindung), Kupfer, Eisen und Natrium.

Die Fruchtbarkeit eines Bodens bemißt sich an seiner Fähigkeit, Kationen auszutauschen, und Kompost verbessert diese Fähigkeit – sein bedeutendster Beitrag zur Gesundheit der Pflanze.

Stellen Sie sich jetzt einmal ein Wurzelhärchen vor, das auf der Suche nach Nährstoffen durch die Erde wächst. Wenn es auf ein mit Kationen behaftetes Teilchen im Boden trifft, beispielsweise Magnesium, setzt es positiv geladene Wasserstoffionen frei. Diese lösen eine gleiche Menge von Magnesium-Kationen ab. Der Austausch findet statt, indem die Wasserstoffionen sich an das Erdteilchen heften, während die Magnesium-Kationen über die Wurzel in die Pflanze aufgenommen werden.

Die Fähigkeit eines Bodens, Kationen auszutauschen, ist das beste Maß für seine Fruchtbarkeit. Die Gesundheit und Produktivität von Pflanzen stehen wie beim Menschen in direktem Verhältnis zu ihrer Fähigkeit, Nährstoffe aufzunehmen und nutzbar zu machen. Und hier werden die Bedeutung und die Unverzichtbarkeit von Kompost am deutlichsten.

Lassen Sie uns noch einmal darauf zurückkommen, wie sich die Nährstoff-Kationen an die Bodenpartikel heften. Je mehr Kationen sich an einem gegebenen Partikel befinden, desto besser ist es offensichtlich, weil ja dann um so mehr Mineralstoffe im Boden enthalten sind und von den Pflanzen aufgenommen werden können. Aber die Kationen-Anziehung des Bodens hängt zu einem großen Teil von der Oberfläche der einzelnen Partikel ab. Je größer die Oberfläche ist, desto mehr Platz ist vorhanden, auf dem die Kationen sich anheften können.

Humuspartikel haben eine größere Oberfläche als Tonpartikel, so daß ein an organischer Substanz reicher Boden immer eine größere Kationenaustauschfä-

higkeit besitzt als humusarmer Boden, egal wieviel Kunstdünger Sie aufbringen (Sand und Schlick haben die geringste Austauschfähigkeit, da ihre Partikel nicht in der Lage sind, Nährstoffe zu halten oder auszutauschen; bei diesen Böden ist eine ausreichende Menge Humus daher besonders wichtig).
Aber nicht alle Nährstoffe kommen als positiv geladene Ionen vor. Bei manchen handelt es sich um Anionen, also negativ geladene Teilchen. Diese Nährstoffe werden von gleichgeladenen Bodenpartikeln abgestoßen und unterliegen dem Kationen-Austausch nicht. Anionen müssen von den Wurzeln in gelöster Form aufgenommen werden. Stickstoff (als Nitrat), Phosphor (als Phosphat) und Kohlenstoff-, Schwefel- und Chlorverbindungen sind Beispiele für wasserlösliche Anionen. Phosphat kann sich selbst an den Boden binden, Stickstoff jedoch nicht. Stickstoff wird leicht durch Regen und Erosion aus dem Boden ausgewaschen, was sich zu einem größeren Problem ausweitet, wenn Gärtner und Bauern sich auf Kunstdünger verlassen, anstatt den Humusgehalt des Bodens zu verbessern.

Ausgewogene Nährstoffzufuhr:
Überschüssiger Stickstoff kann in das Grundwasser, in Bäche und Flüsse gelangen. Dort führt er zu einem schnellen, unkontrollierten Wachstum von Algen, die sich zu einer grünen Decke ausweiten können, unter der offene Gewässer den biologischen Tod erleiden. Bei Kompost stellen sich, selbst wenn er in riesigen Mengen angewandt wird, solche Probleme nicht. Weil Humus von Natur aus in so überragender Weise Feuchtigkeit halten kann, ist er in der Lage, die wasserlöslichen Nährstoffe an Ort und Stelle zu halten und den Nährstoffverlust durch Auswaschen oder Erosion zu verlangsamen.
Außerdem kann der in Kompost enthaltene Stickstoff

in das Ökosystem gespült werden, wie es bei Kunstdünger der Fall ist. Volle 35 Prozent des Stickstoffs und 15 bis 20 Prozent des Phosphors und Kaliums, die als Kunstdünger aufgebracht werden, gehen verloren, weil sie nach dem Ausstreuen weggewaschen werden. Gärtner und Bauern wirken diesem Problem entgegen, indem sie mehr Dünger streuen, als die Pflanzen unmittelbar verarbeiten können. Anders als Kompost sind diese chemischen Salze sofort löslich. Aber Humus speichert all die von den Pflanzen benötigten Nährstoffe. Er setzt sie nur langsam frei, so daß die Pflanzen über Jahre hinaus ihre Nahrung erhalten.

Kompostierter Dung beispielsweise gibt 50 Prozent der darin enthaltenen Nährstoffe in der ersten Saison ab, danach Jahr für Jahr weniger. Das bedeutet, daß bei dauernder Anwendung von Kompost eine regelrechte Reserve an Pflanzennährstoffen aufgebaut wird – eine richtige Bodensparkasse. Humusboden könnte Pflanzen sogar über mehrere Jahre mit Nahrung versorgen, ohne daß neuer Kompost zugegeben würde.

Das kann man von Kunstdüngern nun nicht gerade sagen. Mit ihnen erhält der Boden einen einmaligen Schuß, einen künstlichen Zusatz, wohingegen Kompost ein natürlicher Bodenbestandteil ist. Kunstdünger tun nichts im Hinblick auf eine Verbesserung der Bodenstruktur. Auch sie verschwinden nach einer einzigen Pflanzsaison den Bach hinunter oder in die Atmosphäre und müssen jedes Jahr neu zu immer höheren Kosten aufgebracht werden.

Der einzige Unterschied zwischen dem Kompostieren und dem damit nachgeahmten natürlichen Vorgang besteht in der Zeit; ein schlechter Boden läßt sich mit Kompost in ein paar Jahren wieder zum Leben erwecken, während die Natur dafür 100 Jahre braucht.

Aber wenn Sie Ihrem Garten Kompost geben, führen Sie im Grunde das uralte Bodenaufbauprogramm der Natur fort, den gleichen Vorgang, dem wir die Wälder und den tiefen Boden der Prärien verdanken. Der einzige Unterschied zwischen Ihren Bemühungen zur Verbesserung des Humusgehalts und dem, was in der Natur passiert, besteht darin, daß bewußtes Kompostieren bei schlechten oder ausgelaugten Böden in ein paar Jahren zum Erfolg führt, während die Natur dafür vielleicht ein Jahrhundert oder länger braucht. Kunstdünger bieten außerdem nur eine schmale Bandbreite von Nährstoffen, in der Hauptsache meist nur Stickstoff, Phosphor und Kali. Aber weil bei der Kompostbereitung eine größere Menge unterschiedlicher Zutaten verwendet wird, finden sich im Endprodukt mehr bekannte und unbekannte Nährstoffe und Substanzen, wenn auch in weniger konzentrierter und flüchtiger Form. Humus ernährt die gesamte Lebensgemeinschaft im Boden, wobei die Nährstoffe durch einen natürlichen Zeitmechanismus freigesetzt werden.

Die Mikroben in der Erde, die bei der Freisetzung der verschiedenen chemischen Verbindungen und Elemente helfen, verstärken ihre Aktivitäten, wenn der Boden sich erwärmt. Den Wurzeln werden nach und nach in Anpassung an das Pflanzenwachstum lebenswichtige Substanzen und Mineralien zugeführt. Setzlinge erhalten im Frühjahr kleine Mengen Nährstoffe und später, wenn der Boden wärmer wird und die Saison fortschreitet, größere Mengen.

Es besteht also nur geringe Gefahr, die Pflanzen mit Kompost zu überdüngen oder zu vergiften. Humus enthält, besonders wenn er aus einer Vielfalt von Substanzen zusammengesetzt ist, normalerweise ausgewogene Mengen an Planzennährstoffen in den Formen, die die Pflanzen am besten ausnützen können.

Kompost kann auch dazu beitragen, Toxine im Boden zu neutralisieren. Überschüssiges Aluminium beispielsweise, das in der Natur vorkommt, kann Probleme verursachen, da es die Pflanzen davon abhält, Phosphor aufzunehmen. Aber wenn viel sich aktiv zersetzende organische Substanz im Boden ist, bilden sich Huminsäuren, die mit dem Aluminium Verbindungen eingehen, die den Wurzeln nicht zugänglich sind. Dieselben Säuren tragen auch dazu bei, daß der vorhandene Phosphor besser von den Pflanzen aufgenommen wird. Das ist doppelt wichtig, weil Untersuchungen gezeigt haben, daß Pflanzen mit ausreichender Phosphorversorgung weniger wahrscheinlich giftige Schwermetalle wie etwa Kadmium aufnehmen.

Kompost und pH-Wert

Die Schwermetallaufnahme von Pflanzen wird auch durch den pH-Wert des Bodens und seinen Säure- oder Alkaligehalt beeinflußt. In den Pflanzen sammeln sich um so weniger Schwermetalle, je neutraler, d. h. zwischen 6,5 und 7,0 auf der pH-Skala, der Boden ist. Auch hier wieder kann reichlich Humus eine zutiefst vorteilhafte Wirkung ausüben, indem er nämlich für einen Ausgleich zwischen den Extremwerten sorgt. Das ist nicht nur hinsichtlich des Schwermetallproblems von Bedeutung, sondern auch, weil der pH-Wert einen direkten Einfluß auf die Nährstoffaufnahme der Pflanzen ausübt. Auf extrem sauren oder alkalischen Böden wachsen nur verkümmerte oder qualitativ schlechte Pflanzen, die auch nur eine begrenzte Ernte ergeben.
Die Abkürzung „pH“ steht für „Potential of Hydrogen“*. Wenn wir den pH-Wert messen, messen wir eigentlich die Intensität des Wasserstoffs im Wasser in der Erde. Das Wassermolekül besteht aus zwei Teilen Wasserstoff und einem Teil Sauerstoff. Wenn es mit Mineralstoffen und organischen Verbindungen im Boden reagiert, wird dieses Molekül in zwei Teile gespalten, ein positiv geladenes Wasserstoffion (H^+) und ein negativ geladenes Sauerstoff-Wasserstoff-Ion (OH^-). Die relativen Anteile dieser Partikel in einem

* A. d. Ü.: Engl. für Wasserstoffpotential; gemeint ist die Wasserstoffionenkonzentration.

gegebenen Boden bestimmen dessen Säurecharakter oder dessen alkalische Eigenschaften.

In saurem Boden findet sich eine Überzahl von Wasserstoffionen H^+, während alkalischer Boden mehr OH^- enthält. In neutralen Böden, die für den Anbau von Gemüse ideal sind, finden sich gleiche Mengen von beiden. In saurem Boden verdrängen die (H^+)-Ionen wichtige Nährstoffe wie Kalzium, Magnesium und Kalium von den Bodenpartikeln, so daß sie den Wurzeln auf dem Wege des Kationen-Austauschs weniger zugänglich sind. Regen (sogar die altmodische nichtsaure Art) verstärkt diesen Vorgang noch, indem er durch säurehaltige organische Substanz sikkert, dabei noch mehr (H^+)-Ionen aufnimmt und sie an Bodenpartikeln ablagert. Ohne geeignete Maßnahmen des Gärtners wird der Boden zunehmend sauer, indem die Nährstoffe durch (H^+)-Ionen ersetzt werden.

In alkalischen Bereichen herrscht das Hydoxylion (OH^-) vor. Alkalische Böden enthalten große Mengen an Grundmineralstoffen – Kalzium, Magnesium und Kalium –, doch diese (plus Kupfer, Eisen, Mangan und andere) sind chemisch an das (OH^-)-Ion gebunden und können von den Wurzeln nicht aufgenommen werden.

Stellen Sie sich den Boden als Küche und die Pflanzenwurzeln als die sprichwörtlichen hungrigen Reisenden vor. In saurem Boden ist die Küche gefüllt mit nicht eßbaren (H^+)-Ionen, und die Wurzeln bekommen keine vernünftige Mahlzeit. In alkalischem Boden ist die Küche voller Nahrung, doch die Tür ist fest verschlossen. Daher sind die Folgen für die Pflanzen die gleichen, ob der Boden zu sauer oder zu alkalisch ist: schlechte Ernährung und eingeschränkte Entwicklung.

Ein ausgewogener pH-Wert ist wichtig für einen gesunden Garten; zu saure oder zu alkalische Böden behindern den Nährstoffzufluß zu den Pflanzen.

Das ist aber nicht das einzige Problem, das ein unausgewogener pH-Wert verursacht. Übersäuerung führt dazu, daß Aluminium, Eisen und Mangan leicht von den Wurzeln aufgenommen werden können, teilweise in giftigen Mengen. Auf der anderen Extremseite können alkalische Böden unter einem Aufbau von Mineralsalzen leiden, der stark genug ist, ein normales Pflanzenwachstum zu verhindern.

Sie können den pH-Wert Ihres Gartens bestimmen, indem Sie eine Bodenprobe mit Lackmuspapier oder Prüflösung aus dem Gartengeschäft testen. Einen genaueren Wert bekommen Sie, wenn Sie eine Bodenprobe an Ihr örtliches Büro für Landwirtschaft schikken. Seine Tests, die von der nächstgelegenen Landwirtschaftsschule durchgeführt werden, sind genau und kosten wenig oder nichts.

Welche Testmethode Sie auch wählen, Sie erhalten ein Ergebnis, bei dem Säurecharakter und alkalische Eigenschaften auf einer Skala von 1 bis 14 ausgedrückt ist, wobei 7 als neutral anzusehen ist. Unter 7 wird es zunehmend sauer, über 7 zunehmend alkalisch. Ein Torfmoor hat vielleicht den pH-Wert 3, eine Wüste den pH-Wert 10 oder 11. Die meisten Grünpflanzen können sich an pH-Werte in einem gewissen Bereich anpassen, doch ideal ist ein leicht saurer bis neutraler Boden, der reich an Humus ist.

Abgesehen davon, daß ein leicht saurer Boden vom pH-Wert aus die Bedürfnisse der meisten Grünpflanzen erfüllt, ist er auch die geeignetste Umgebung für die so überaus wichtigen Bodenbakterien, die unter anderem dafür zuständig sind, den Luftstickstoff in eine von den Wurzeln aufnehmbare Form umzuwandeln und rohe organische Substanz schnell zu Humus zu machen. Gärtner, die nicht organisch arbeiten, können ohne irgendwelchen Nutzen sackweise teuren Dünger streuen, wenn der pH-Wert nicht stimmt. Stickstoff in der Form von Harnsäure und Ammoniumsalzen ist für die Pflanzen nutzlos, wenn er nicht von den Bakterien in Nitrate umgewandelt wird – und das können sie nicht, wenn der pH-Wert sehr weit diesseits oder jenseits von Neutral liegt.

Der richtige pH-Wert für Ihren Boden

Sobald Sie den pH-Wert Ihres Bodens kennen, können Sie damit anfangen, ihn auf dem richtigen Niveau zu stabilisieren. Graben Sie bei extrem alkalischem Boden jede Menge säurehaltigen Kompost unter, der aus Eichenlaub und Fichtennadeln, Torfmoos, Apfeltrester und Hartholzsägemehl bereitet wurde. Wenn Ihr Boden sauer ist, geben Sie Kalk und großzügige Mengen von Kompost und organischer Substanz zu. Nehmen Sie gemahlenen oder pulverisierten Naturkalkstein, Kalziumkalk oder Dolomitkalk. Fein genug gemahlener Kalk, der durch ein 60er bis 100er Sieb paßt (schauen Sie auf dem Sack nach) ist ungiftig und führt nicht zu Verbrennungen, und er verwittert allmählich und löst sich im Boden auf. Kalk führt auch dazu, daß Tonpartikel Krumen bilden, daß Sandkörner eine bessere Bindung bekommen und mit Humus interagieren, wodurch die Produktion natürlicher „Leimstoffe" angeregt wird, die die Erdkrümchen mit einer Schicht überziehen und den Boden verbessern.
Sie können auch Holzasche verwenden, um den Säuregehalt Ihres Bodens zu neutralisieren. Holzasche enthält Kalium, Kalzium und Phosphorsäure (die tatsächlichen Mengen schwanken je nach Art des verbrannten Holzes), ist löslicher als Kalk und sollte in kleineren Mengen (etwa halb so viel) und öfter (mindestens einmal jährlich) aufgebracht werden. Andere von Natur aus alkalische Bodenverbesserer sind pulverisierter Marmor (ungebrannt), Mergel (ein Kalk-Ton-Sediment, das die Nährstoffe langsam freisetzt) und gemahlene Austernschalen.
Wie viel Kalk sollte man nehmen? Es gibt Faustre-

geln, aber jeder Boden ist anders. Zwei Gärten mit dem gleichen pH-Wert brauchen nicht notwendigerweise die gleiche Menge Kalk. Nasse Bereiche mit sandigem Boden benötigen beispielsweise häufiger Kalk als trockene Gärten mit schwerem Boden. Doch bei schwerem Ton muß jedesmal mehr Kalk aufgebracht werden. Die Tabelle mit den Kalkmengen gibt einen groben Anhaltspunkt, doch Sie sollten sich um genauere Informationen über Ihren Boden bemühen. Prüfen Sie den pH-Wert Ihres Bodens zu Beginn des Frühjahrs oder im Herbst, und bringen Sie dann Kalk auf den frisch bearbeiteten Boden auf, den Sie in die oberen sieben bis zehn Zentimeter einarbeiten. Bringen Sie den Kalk breitwürfig von Hand oder mit dem Streuer aus und setzen Sie dabei eine Staubschutzmaske oder ein Atemgerät auf.

Kalkmengen

Um den pH-Wert des Bodens um eine Einheit anzuheben, benötigen Sie die folgenden Mengen an gemahlenem Kalkstein oder Dolomitkalk auf etwa zehn Quadratmeter:

Bodenart	**Kalkmenge**
Leichter Boden	1,2 kg gemahlener Kalk oder 0,9 kg Dolomit
Schwerer Boden	2,8 kg gemahlener Kalk oder 2,5 kg Dolomit

Nehmen Sie diese Arbeit an einem windstillen Tag vor. Der Boden sollte wie nach einem leichten Schneefall aussehen. Sie können sauren Boden nicht über Nacht zu neutralem machen, also überkalken Sie ihn nicht!

Warten Sie mindestens einen Monat, bis Sie den pH-Wert wieder prüfen. Geben Sie regelmäßig Kalk oder Holzasche zu, bis der pH-Wert nur nocht leicht sauer ist. Überprüfen Sie den pH-Wert Ihres Bodens mindestens einmal jährlich, wenn Sie wollen jedoch auch öfter (Frühjahr, Mitte der Saison und Herbst). Manche Gärten müssen jährlich gekalkt werden, andere nur alle paar Jahre.

Kompost aus einer Vielzahl von Materialien kann zum Ausgleich des pH-Werts beitragen.

Am wichtigsten jedoch ist es, daß Sie weiterhin viel Kompost einbringen, und zwar aus verschiedenen Materialien wie etwa Dung, Rasenschnitt, trockenem Laub, und Küchenabfällen – je unterschiedlicher das Material, desto besser. Humus verbessert nicht nur drastisch die Bodenstruktur, er übt auch einen Puffereffekt auf den pH-Wert aus. Wenn gemischtes organisches Material verrottet, werden dabei etwa gleiche Mengen an sauren und alkalischen Verbindungen freigesetzt. Das trägt dazu bei, den pH-Wert des Bodens auf nahezu neutralem Niveau zu stabilisieren.

Wichtiger noch ist die Tatsache, daß bei reichlich Humus die Toleranzgrenze einer Pflanze für Schwankungen im pH-Wert angehoben wird. Somit finden sich wahrscheinlich in einem gut mit Kompost versehenen Garten abgesehen von all seinen anderen guten Eigenschaften Pflanzen, die sich besser an einen breiten Bereich von Umweltfaktoren anpassen können, und dazu gehören auch Schwankungen im Säure- und Alkaligehalt des Bodens.

Kompost und Würmer

Ein weiterer wichtiger Beitrag von Kompost besteht darin, daß er die Wurmbevölkerung im Boden unterstützt. Würmer sind wertvoll in kalten, lange liegenden Komposthaufen, wo sie zur Verrottung der organischen Substanz beitragen, doch ihre Hauptwirkung entfalten sie im Garten selbst. Das Fehlen von Würmern im Garten ist sogar häufig ein Anzeichen für schlechten Boden, der fest verdichtet ist und dem es an Humus fehlt.

Am aktivsten sind die Würmer in den oberen 15 Zentimetern des Bodens, aber sie können sich auch in Tiefen vom 1,80 m hinuntergraben, wobei sie organische Substanz mit hinunterziehen und auf dem Weg nach oben Erde aus der Tiefe mit sich bringen. Aristoteles nannte die Würmer „die Eingeweide der Erde", und so, wie sie die Erde durcharbeiten, ist das wirklich eine Nachahmung des Verdauungsvorgangs in großem Stil.

In jedem Quadratfuß (ca. 30 x 30 cm) einigermaßen guten Gartenbodens finden sich etwa zwei Dutzend Würmer, die zusammen jedes Jahr gut 450 kg Erde verdauen können (jeder einzelne Wurm frißt täglich sein eigenes Gewicht in Erde und organischer Substanz). Auch die Menge an mineralstoffreicher Erde aus der Tiefe, die von den Würmern heraufgebracht wird, ist bedeutsam. Die Würmer auf einem einzigen Morgen Land bringen jedes Jahr 20 Tonnen Erde nach oben.

Dazu hinterlassen sie erstaunliche Mengen an Ausscheidungen. Wenn die blinden, zahnlosen Würmer organische und mineralische Substanzen aufnehmen, ziehen ihre rudimentären Verdauungssysteme heraus, was sie an Nährstoffen benötigen, und verbinden die Reste mit Kalziumkarbonatabscheidungen und Schleim. Die Ausscheidungen haben die Form von kleinen Kügelchen und bilden einen ausgezeichneten Bodenverbesserer. Eine gesunde Wurmpopulation kann jährlich über 50 Tonnen Ausscheidungen pro Morgen hinterlassen.

Neben den tiefgehenden Wirkungen der Ausscheidungen auf die Bodenstruktur leisten die von den Würmern angelegten Gänge bedeutende Beiträge zur Durchlüftung und Entwässerung und bieten den Wurzeln Wege auf ihrer Suche nach Nährstoffen und Wasser. Außerdem kann die Aktivität der Würmer Einfluß auf den pH-Wert ausüben und saure und alkalische Böden in den neutralen Bereich bringen.

REGENWÜRMER IM GARTEN: Regenwürmer sind für jeden Gärtner willkommene Bodenbewohner. Im Verlauf ihre Lebens verdauen die Würmer tausende Pfund Erde und bringen Tonnen mit Nährstoffen gefüllte Erde aus der Tiefe nach oben. Ihre Ausscheidungen verbessern den Zustand des Bodens, und die Gänge, die sie anlegen, lockern dichte Böden auf und sorgen für eine bessere Durchlüftung und Entwässerung.

Selbst im Tod leistet der Wurm noch einen letzten wichtigen Beitrag, indem sein sich zersetzender Körper den Humusgehalt des Bodens vergrößert. Würmer leben nur ein oder höchstens zwei Jahre, so daß sich mit dem Lebenszyklus von zwei Dutzend Würmern pro Quadratfuß (0,09 m^2) im Jahr knapp 500 kg tote Würmer pro Morgen ergeben.
All die Bodenverbesserungen, die sich aus dem normalen Verhalten der Würmer ergeben, würden ein Vermögen kosten, wenn sie mit menschlicher Arbeit oder Maschinenkraft erreicht werden müßten. Aber Sie brauchen keinen Pfennig zu zahlen für die Arbeit der „Pflüger der Natur". Von Ihnen wird nur verlangt, daß Sie keine chemischen Dünger und Pestizide verwenden, von denen einige bei Berührung für Würmer tödlich sind. Und verdichten Sie Ihren Boden nicht durch ein schweres Gerät oder viel Lauferei. Geben Sie stattdessen den Würmern Nahrung in Form von Kompost und Bodenbedeckung.

Material zum Kompostieren

Sie haben wahrscheinlich schon mehrmals in diesem Buch den Begriff „Kompost aus einer Vielzahl von Materialien" bemerkt. Es gibt einen wichtigen Grund dafür, die Betonung auf die Vielfalt der Ingredienzen zu legen, aus denen Sie Kompost bereiten. Der Gartenbau stellt hohe Ansprüche an den Boden, und zwar besonders, wenn Gemüse angebaut wird. All die bekannten und unbekannten Nährstoffe und Wachstumsstimulantien, die von Ihren Pflanzen aufgenommen werden, müssen ersetzt werden. Die Humusbereitung aus möglichst vielen Quellen ist dabei eine wirkungsvolle Methode.

Je größer die Vielfalt des organischen Materials ist, das Sie in Humus umwandeln, desto reichhaltiger ist auch die Gabe an Nährstoffen und Spurenelementen, die Sie dem Boden zurückgeben. Glücklicherweise brauchen Sie keine langen Wege auf sich zu nehmen, um an kompostierbares Material zu gelangen. Überlegen Sie einmal, was direkt in Ihrer Gemeinde vor sich geht. Wahrscheinlich wird genau das Material von den Leuten weggeworfen, verbrannt oder vergraben, was sich zum Aufbau eines tiefen, krümeligen Bodens verwenden ließe.

Kompost aus einer Vielzahl von Materialien versorgt Ihren Boden mit mehr wichtigen Nährstoffen und Spurenelementen als viele kommerzielle Düngepräparate.

Wo gibt es Material für den Komposthaufen?

Beginnen Sie mit Ihrem eigenen Haus und Hof. Mit ein paar Ausnahmen (die weiter hinten noch beschrieben werden) ist alles Organische – alles, was einmal gelebt hat oder Teil eines Lebewesens gewesen ist – ohne weiteres für den Komposthaufen zu verwenden. Dazu gehören alle Abfälle aus Hof und Garten, Küchenabfälle und verdorbene Lebensmittel, Haare von Familienmitgliedern und Haushunden und sogar der Staub aus dem Staubsauger. Denken Sie an all die Dinge, die Sie wegwerfen. Könnten Sie möglicherweise in Humus verwandelt werden?

Vor einigen Jahren hörte man eine Geschichte über einen begeisterten organisch arbeitenden Gärtner, der sich bei der Arbeit in der Küche in den Finger schnitt. „Ein Pflaster!", schrie er und rannte zur Hintertür. Seine Frau holte Verband und Antiseptikum, doch wo war er geblieben? Dann sah sie ihn und lachte: Er stand an seinem Komposthaufen und ließ das Blut aus seinem Finger darauftropfen. „Nichts wird verschwendet", sagte er und lachte über sich selbst.

So weitgehende Beiträge zu Ihrem Komposthaufen brauchen Sie nicht zu leisten, doch sobald Sie alle Möglichkeiten in Ihrer Nähe ausgeschöpft haben, könnten Sie im Branchentelefonbuch nachsehen, welche Quellen für organische Abfälle es in Ihrer Gemeinde gibt. Für einige Dinge müssen Sie vielleicht etwas bezahlen, doch das sollten Sie als kluge Investition betrachten, wenn es sich nur um einen geringen Betrag handelt. Kompost und guter Boden zahlen unbegrenzte Dividenden.

Gegen Übernahme des Transports gibt es an vielen Stellen immer noch kostenlos Kompostmaterial.

Hier ist eine nicht vollständige Liste von Stellen, an die Sie sich wegen Materialien für den Komposthaufen wenden können:

Ställe und Mastbetriebe
Das sind Ihre besten Quellen für Dung, obgleich Sie sich dort möglicherweise mit anderen Gärtnern arrangieren müssen. Aber die Tiere halten die Produktion das ganze Jahr über aufrecht, so daß bei etwas Geduld im allgemeinen für alle genug vorhanden ist.
Bei manchen Polizeidirektionen, Forst- und Parkdiensten werden berittene Streifen eingesetzt, für deren Pferde eigene Ställe vorhanden sind. Normalerweise hat man dort nichts dagegen, wenn Gärtner zu einer festgesetzten Zeit vorbeikommen und den Mist abholen.
Auf Pferderennbahnen fallen enorme Mengen Mist an, die abtransportiert werden, meist von Pilzzuchtbetrieben. Vielleicht können Sie aber mit einem einzelnen Pferdebesitzer oder Trainer einen Handel machen, und zwar besonders, wenn Sie bereit sind, den Stall zu reinigen und den Mist selbst aufzuladen. Versuchen Sie es außerdem in Vergnügungs- oder Stadtparks mit Ponyreitbahnen. Und wenn der Zirkus kommt, stellen Sie sich um den Elefantenmist an!

Bauernhöfe und Obstanbauer
Auf einer Fahrt über das Land oder mit ein paar Telefonanrufen können Sie sich lastwagenweise organische Abfälle für Ihren Garten besorgen. Von organisch betriebenen Bauernhöfen sollten Sie jedoch nicht zu viel erwarten. Die Besitzer werden wahrscheinlich all ihr organisches Material wieder in den Boden einbringen. Aber bei anderen Betrieben gibt man Ihnen vielleicht so viel, wie Sie wollen. Überlegen Sie es sich, ob Sie nicht einen Lkw mieten oder ausleihen, bevor Sie sich an die Arbeit begeben.
Zu dem Material, nach dem Sie fragen sollten, gehören abgeschnittene Zweige oder zerkleinertes Material aus Obstplantagen, Molke aus Milchbetrieben, verbrauchte Pilzerde (fragen Sie aber, ob Chemikalien

verwendet worden sind, bevor Sie die Erde mitnehmen), verdorbenes Heu, verfaultes Obst, Federn, Eierschalen, Maissilage, Abfälle aus der Scheune und jede Art von Mist.

Stadtverwaltung

Was geschieht in Ihrer Stadt mit Laub und Rasenschnitt? Werden bei Ihnen Flüsse, Seen und Teiche von Algen befreit? Was passiert mit diesem Material? Werden die beim Beschneiden in städtischen Anlagen anfallenden Äste und Zweige den Bürgern zur Verfügung gestellt? Manche erleuchtete Gemeinden kompostieren all ihren Abfall und versorgen ihre Steuerzahler kostenlos mit Humus. All diese Fragen lassen sich mit einem einzigen Anruf klären.

Mühlen und Fabriken

In Handels- und Industriebetrieben fallen Tonnen von organischem Material an, das häufig in die nächstgelegene Erdaufschüttung geht. Wenn Sie genaueste Auskünfte über dieses Material wollen, fangen Sie an der Spitze an. Rufen Sie im Büro des Firmenleiters an und arbeiten Sie sich nach unten durch. Das spart Zeit. Wenn Sie persönlich oder telefonisch an der Laderampe anfragen, bedeutet das, daß Sie sich rückwärts durcharbeiten müssen, daß Sie Genehmigungen und Freigaben einholen und endlose Erklärungen abgeben müssen, warum und wofür Sie das Zeug eigentlich brauchen. Wenn die Firma über ein Büro für Öffentlichkeitsarbeit verfügt, kann man Ihnen vielleicht auch dort weiterhelfen.
Hier sind ein paar Dinge, die Sie sich bei Verarbeitungsfirmen besorgen können: Trester aus Apfelquetschmühlen, Abfälle aller Art aus Konservenfabriken, zerkleinerte Rinde, Sägemehl und Holzspäne aus Sägemühlen und Schreinereien, Abfälle pflanzlicher Präparate von pharmazeutischen Firmen, Zement-

staub, Kakaobohnenhülsen, Kaffeespreu aus dem Kaffeegroßhandel, Holzwolle von Warenannahme- und Versandabteilungen, Filz und Wollreste von Bekleidungsherstellern, Knochenporzellanmasse aus Glasfabriken, ausgepreßte Trauben von Winzern, verbrauchten Hopfen aus Brauereien, Granitstaub, Lederstaub, Lignin aus Papierfabriken, verdorbenes Mehl vom Müller, Erdnußschalen, Schlacke aus Stahlwerken, Gewürzrückstände aus Gewürzmühlen, Lohe aus Gerbereien und Fleischmehl aus Fleischverarbeitungsfirmen und Schlachthäusern.

Einzelhandelsgeschäfte

Kleine Läden sind vielleicht froh, wenn Sie vorbeikommen und das abholen, für dessen Abtransport sie sonst zahlen müssen: Gemüse- und Fischreste aus Supermärkten und Lebensmittelläden, Haare vom Friseur, Hundehaare aus Pudelsalons, Küchenabfälle aus Restaurants, verdorbenes Brotmehl aus Bäckereien, Holzwolle aus Geschenkartikelläden (zum Einpacken zerbrechlicher Artikel), pflanzliche Abfälle aus Blumengeschäften und Sägemehl aus Tischlereien und von Holzplätzen.

Machen Sie sich Ihre geographische Lage und die Industriebetriebe in Ihrer Gegend zunutze, wenn Sie nach Kompostmaterial suchen; jede Region hat ihre speziellen Quellen.

Gewässer und Meeresufer

Besorgen Sie sich, falls nötig, eine Erlaubnis, an der Küste oder in Mündungen Spartgras und Tang zu sammeln. Oder holen Sie sich diese Dinge nach einem Sturm, wenn sie ans Ufer gespült werden. Viele Flüsse, Seen und Teiche in Ihrer Gemeinde ersticken vielleicht an Algen und anderen Wasserpflanzen (möglicherweise hervorgerufen durch übermäßige Verwendung von Kunstdünger). Wenn Sie dieses Übel beseitigen und abtransportieren, leisten Sie den Landbesitzern und städtischen Behörden vielleicht einen echten Dienst. Fragen Sie aber bei den zuständigen Stellen nach, bevor Sie mit der Arbeit anfangen. Was

Ihnen vielleicht wie nutzlose Pflanzen vorkommt, erfüllt möglicherweise eine wichtige ökologische Funktion.
Achten Sie auf Material, das für die Gegend, in der Sie leben, charakteristisch ist. Schauen Sie nach Holzabfällen, Woll- und Filzreste von Bekleidungsherstellern, Lederreste und -staub von Schuhfabriken. Wer in Meeresnähe lebt, sollte sich große Mengen Tang, Grünsand und Fischabfälle besorgen können.
Organisch arbeitende Gärtner können eine wichtige Rolle spielen, indem sie solche „Abfälle" sammeln, die ansonsten eine Last für die Gemeinde und die Umwelt wären. Aber neben der Tatsache, daß Sie Ihre Mitsteuerzahler ein wenig entlasten, haben Sie eine Funktion als Urheber einer Veränderung. Die Mitmenschen werden überrascht und neugierig sein, warum Sie etwas sammeln und kompostieren, was sie früher als nutzloses Zeug betrachtet haben. Ihre Wiederaufbereitung und Humusbereitung wird als Erinnerung daran dienen, daß organischer Abfall und Küchenabfall keine Probleme, sondern regelrechte Ressourcen darstellen, wenn wir unsere gesammelte Vorstellungskraft einsetzen und Selbstvertrauen üben.

Wenn Zusatzmittel wie Gesteinsmehl in den Komposthaufen gegeben werden, anstatt sie direkt auf den Boden aufzubringen, nehmen die Pflanzen die darin enthaltenen Nährstoffe leichter auf.

Weiteres Material

Es gibt eine ganze Menge von Zutaten, mit denen Sie den Nährstoffgehalt Ihres fertigen Komposts erhöhen können. Bei vielen klassischen Kompostierungsmethoden wird vorgeschlagen, die einzelnen Lagen des Komposthaufens mit verschiedenen Arten von Gesteinsmehl zu bestreuen. Granitstaub, Apatit, Grünsand und andere sind wegen ihrer Mineralstoffe alle durchaus wertvoll, doch durch Zugabe dieser Stoffe wird der Kompostierungsvorgang weder gefördert noch beschleunigt.
Was jedoch passiert, ist, daß die in diesen Zusätzen enthaltenen Nährstoffe durch den Prozeß der Humus-

bildung zerlegt, von Mikroben und Huminsäuren angegriffen und so umgeformt werden, daß sie von den Wurzeln besser aufgenommen werden können. Das allein macht sie in einem Komposthaufen wertvoll, weil der fertige Humus dadurch viel kräftiger wird.

In Gartengeschäften und bei Versandhäusern gibt es eine Vielzahl von Bodenzusätzen: Basaltstaub, getrockneten Dung in Säcken, Trockenblut, Knochenmehl, Grünsandmergel, Hornmehl, Tabakstengel, Tangpulver, Torfmoos und Granitstaub.

Der einzige Nachteil dieser Zusätze ist ihr Preis. Trokkenblut beispielsweise ist fast verboten teuer, wenn man es in großen Mengen kauft. Als Gärtner muß man sich entscheiden, was wirtschaftlicher ist – die Zusätze zum Komposthaufen zu geben oder sie zur Seitendüngung direkt an den Pflanzen zu verwenden.

Ungeeignetes Material

Alles Organische wird zu Kompost, aber nicht alles gehört auch in den Komposthaufen. Einige Materialien sind fragwürdig, einige sollten in kleinen Mengen verwendet werden, und einige sollten insgesamt gemieden werden. Denken Sie auch daran, daß das Material in einem wirkungsvollen Komposthaufen (unabhängig von der Methode) durchgemischt werden sollte, damit sich ein gleichmäßiger Feuchtigkeitsgehalt ergibt. Auch wenn Sie das Glück haben, von einer Brauerei eine Fuhre verbrauchten Hopfen zu bekommen, müssen Sie also noch vorsichtig sein. Diese nasse Masse (wie Kuhdung ohne Streu) läßt sich nicht so ohne weiteres kompostieren – zumindest nicht, ohne einen riesigen Gestank zu erzeugen. Alles dichte, feuchte Material muß in Verbindung mit absorbierendem Material wie Heu, Stroh, Sägemehl, trockenem Laub oder Hobelspänen verwendet werden.

Wie steht es mit menschlichen Fäkalien im Komposthaufen? Bauern und Gärtner haben zwar jahrhundertelang ihre eigenen Abfälle als Dünger verwendet, doch Sie sollten davon Abstand nehmen, wenn Sie nicht über das für einen sicheren Umgang damit erfor-

Eine Anmerkung zur Verwendung von Kalk im Komposthaufen

In vielen Gartenbüchern findet man den Hinweis, daß man bei den einzelnen Lagen des Komposthaufens Kalk zugeben sollte. Selbst bei der klassischen Indore-Methode wird vorgeschlagen, die Lagen mit Kalk zu überstäuben, um einen Ausgleich für den Säuregehalt von Laub und ähnlichem Material zu erhalten. Außerdem verbessert die Zugabe von Kalk die physikalische Beschaffenheit und Brauchbarkeit des Kompostmaterials.

Es gibt aber einen guten Grund dafür, den Kalk zum Ausgleich des pH-Werts nicht in den Komposthaufen zu geben, sondern direkt auf die Erde im Garten. Warum? Weil Kalk, wenn er zu rohem, im Zersetzungsprozeß befindlichem Material gegeben wird, eine chemische Reaktion auslöst, die durch die Erzeugung von Ammoniak den Stickstoffverlust fördert. Abgesehen von dieser Verschwendung eines wertvollen Nährstoffs wird Kalk für den Kompostierungsvorgang einfach nicht benötigt.

Wie schon erklärt wurde, schwankt der pH-Wert eines gut angelegten Komposthaufens aus verschiedenartigen Zutaten in der Phase der aktiven Zersetzung, doch bei Ende des Verrottungsvorgangs erreicht die Masse auf natürlichem Wege einen neutralen oder fast neutralen (6,5 bis 7) pH-Wert. Sie sollten also Ihren Garten regelmäßig kalken, aber nicht Ihren Komposthaufen.

derliche Spezialwissen, Gerät und Erfahrung verfügen. Durch Kontakt mit menschlichen Exkrementen verbreiten sich Krankheitskeime schnell.

Damit dieses Material für die Verwendung an Obst und Gemüse ungefährlich wird, muß es entweder in einem sorgfältig beaufsichtigten Komposthaufen unter großer Wärmeentwicklung *ganz und gar* kompostiert werden oder sehr langsam verrotten – beispielsweise in der Kammer einer Sickergrube (Urin von gesunden Menschen ist jedoch steril, ungefährlich und wertvoll für Kompost und Garten; siehe auch den Abschnitt „Hinweise zu Kompostmaterialien" weiter unten).

Meiden Sie das folgende Material, das sich nicht zersetzt, wenn Sie es nicht völlig zerkleinern können: Holzklötze, große Äste, Strauchwerk, Mais- oder Sonnenblumenstengel, große Mengen Fichtennadeln, Muschel- und Austernschalen, Lumpen, Papier und schwere Pappe.

Papier im Komposthaufen geht in Ordnung, aber nicht die Seite mit den farbigen Comics – die Farben enthalten Kadmium und Blei.

Zerkleinertes Papier in kleinen bis mittleren Mengen kann sich als nützlich erweisen, weil es für Absorption und Masse sorgt. Es enthält allerdings nur wenig Nährstoffe. Meiden Sie farbiges Papier und Glanzpapier. Normales Zeitungspapier ist ungefährlich, aber Farben und Glanzpapier enthalten beträchtliche Mengen Kadmium und andere Schwermetalle, die in Kompost und Boden gelangen können.

Wenn stark saures Material, beispielsweise Fichtennadeln und Eichenlaub, allein und ohne Ausgleich durch neutrales oder alkalisches Material verwendet wird, entsteht ein säurehaltiger Humus. Das geht in Ordnung, wenn dieser Humus für alkalischen Boden oder säureliebende Pflanzen wie Blaubeeren oder Azaleen bestimmt ist, aber für bereits sauren Boden ist es von Übel. Nehmen Sie eine Vielzahl verschiedener Materialien zum Kompostieren, wenn Sie nicht ausdrücklich säurehaltigen Humus haben wollen.

Versuchen Sie nicht, Schmierfett, Öl oder große Mengen Fleisch-, Fisch- oder Geflügelabfälle zu kompostieren. Diese Dinge brauchen viel Zeit zum Verrotten, werden leicht anaërobisch und ziehen Tiere und Insekten an. Trotzdem können Sie sie für den Bodenaufbau verwenden, allerdings nur, wenn Sie sie in wenig benutzten Teil des Gartens untergraben. Auch dann brauchen sie noch lange, um zu verrotten, und außerdem müssen sie mindestens 15 Zentimeter unter der Oberfläche liegen, damit keine Aasfresser herankommen.

Seien Sie vorsichtig mit Unkraut und Gras von Straßenrändern, wo die Straßenbahnmeistereien möglicherweise Herbizide gespritzt haben. Viel befahrene Straßen sind ebenfalls keine guten Plätze, um nach kompostierbarem Material (oder wilden Früchten) zu suchen, weil das Gift aus den Abgasen sich auf den Blättern der Pflanzen absetzt.

Verwenden Sie keine Asche aus Kohlen im Komposthaufen. Es ist zwar richtig, daß Kohle löslichen Schwefel und Eisen enthält, aber die in manchen Kohlearten anzutreffenden Mengen können für Boden und Pflanzen giftig sein. Die Asche einiger Weichkohlearten enthält bis zu zehn Prozent Schwefeltrioxid, das in Verbindung mit Wasser zu Schwefelsäure wird – in Ihrem Komposthaufen oder Boden kaum wünschenswert.

Geraten Sie auch nicht in die Versuchung, die Asche aus Verbrennungsanlagen für den Komposthaufen oder Garten zu verwenden. Viele Gärtner können diese Asche aus den Verbrennungsanlagen von Apartmenthäusern bekommen, doch das Risiko ist es nicht wert. In diese Anlagen wird alles Mögliche hineingeworfen – von alten Batterien mit Quecksilber, Zink und Kadmium bis zu verschiedenen Arten von Kunststoff. Die Schwermetallrückstände in der Asche können Ihrem Boden und Ihren Pflanzen schaden.

Hinweise zu Kompostmaterialien

Wenn Sie Obst- oder Gemüseabfälle von kommerziellen Anbauern kompostieren wollen, sollten Sie sich zuerst danach erkundigen, wie stark die Pflanzen mit Pestiziden gespritzt worden sind.

Äpfel, ausgepreßt

Alle, die ihren eigenen Most herstellen, produzieren dieses süße Fruchtfleisch in Massen. Wespen, Hornissen und Bienen sind dann blitzschnell da, so daß man das Zeug am besten möglichst schnell in den Komposthaufen bringt. Die frische Masse ist naß und schwer und muß gut mit trockenem Laub, Heu oder anderem saugfähigen Material vermischt werden.
Die Masse enthält nur wenig Stickstoff (0,2 Prozent), aber wertvolle Mengen Phosphorsäure und Kalium. Wenn Sie sie aus kommerziellen Betrieben beziehen, fragen Sie, woher die Äpfel stammen und ob Pestizide verwendet worden sind. Die Schalen der Äpfel können Metallrückstände enthalten, besonders wenn heftig gespritzt wurde. Wenn Sie große Mengen verwenden, können sich durch diese Rückstände Giftstoffe in Ihrem Boden aufbauen.

Bananen

Schalen und Stiele dieser tropischen Frucht enthalten sehr große Mengen Phosphorsäure und Kalium. Außerdem zersetzen Bananenschalen sich schnell, ein Zeichen dafür, daß die Mikroben gut mit Stickstoff versorgt werden. Bananenschalen finden sich meist in größeren Mengen im Küchenabfall, und im Komposthaufen sind sie eine Garantie für eine rege bakterielle Aktivität. Bringen Sie die Schalen mitten in den Haufen ein oder decken Sie sie schnell mit organischer Substanz ab, damit keine Fliegen angezogen werden.

Blut

Getrocknetes Blut fällt als Nebenprodukt im Schlachthaus an. Es enthält viel Stickstoff, etwa 12 Prozent, und zwischen 1 und 5 Prozent Phosphor. Blutmehl wird merkwürdigerweise als Viehfutter verwendet, obwohl die meisten Gartengeschäfte es als Dünger führen. Der Pfundpreis ist recht hoch, weil er an die steigenden Fleischpreise gekoppelt ist. Blutmehl kann direkt auf dem Boden um die Pflanzen herum aufgebracht werden, sollte aber ein paar Zentimeter von den Stielen entfernt sein, da es Verbrennungen verursacht. Getrocknetes Blut läßt sich auch im Komposthaufen verwenden. Streuen Sie es über Schichten aus feuchtem organischem Material. Durch den hohen Stickstoffgehalt werden die Zersetzungsorganismen angeregt, und zwar besonders, wenn das von Ihnen verwendete Material reich an Kohlenstoff ist.

Buchweizenhülsen

Buchweizen ist ein Getreide, das hauptsächlich in den nordöstlichen Vereinigten Staaten und in Kanada angebaut wird. Bei organisch arbeitenden Bauern und Gärtnern als Gründünger und Nahrungspflanze für Bienen beliebt, wächst es selbst auf gerade noch brauchbaren Böden. Die nach der Verarbeitung des Korns übrigbleibenden Hülsen sind leicht und scheibenförmig. Sie eignen sich gut als Zusatz im Komposthaufen, wenn man sie in Mengen bekommen kann, doch die meisten Gärtner verwenden sie zur Bodenbedeckung. Die Hülsen nehmen leicht Wasser auf, bleiben liegen, wenn sie aufgebracht worden sind (eine knapp 4 cm dicke Lage genügt) und sehen aus wie krümeliger Lehm.

Dolomit

Das ist ein Mineral, das in gemahlener Form als Kalkungsmittel verkauft wird. Dolomitkalk wird von vielen Gärtnern dem Kalziumkalk vorgezogen, weil er einen höheren Magnesiumgehalt hat. Reiner Dolomitkalk enthält fast 46 Prozent Magnesiumkarbonat und 54 Prozent Kalziumkarbonat (beachten Sie die

Anmerkung zur Verwendung von Kalk im Komposthaufen).

Dung

Tierische Abfälle in fester und flüssiger Form sind äußerst wichtige Bestandteile bei den Vorgängen des Kompostierens und des Bodenaufbaus. Sie könnten zwar auch ohne Dung einen aktiven Komposthaufen zusammenstellen und wertvollen Humus bereiten, doch mit Dung wird der Zersetzungsprozeß stark beschleunigt, während Boden und Pflanzen gleichzeitig viele Nährstoffe zugeführt werden. Die Dungmasse besteht zu einem vollen Drittel aus Bakterien, so daß selbst eine kleine Menge in einem in Arbeit befindlichen Komposthaufen die schnelle Zersetzung des anderen organischen Materials fördert.
Der Wert von Dung für den Boden hängt zum Großteil davon ab, wie man damit umgeht. Die Hälfte des Düngewertes geht innerhalb von vier Tagen verloren, wenn das Material einfach in einer dünnen Lage auf dem Boden aufgebracht wird. Aus Dunghaufen, die dem Regen ausgesetzt sind, werden die Nährstoffe schnell ausgewaschen.
Die besten Ergebnisse erzielt man, wenn Dung und Streu möglichst sofort, nachdem sie aus dem Stall kommen, kompostiert werden. Oder wenn sie noch am gleichen Tag ausgestreut und untergegraben werden. Wenn das nicht machbar ist, sollten Sie den Dung mit einer Plane oder Kunststoffolie abdecken.

Jeder Dung hat seine eigenen charakteristischen Eigenschaften:

- Huhn: Ein sehr scharfer Dung mit sehr viel Stickstoff, Phosphor und Kalium. Bei direktem Kontakt führt er zu Verbrennungen an den Pflanzen. Geflügeldung ist normalerweise gut mit Streu (Laub, Stroh usw.) vermischt, so daß man die Masse leicht anfeuchten und einen sehr heißen Komposthaufen anlegen kann. Geben Sie kohlenstoffhaltiges Material zu, wenn erforderlich, oder Sie verlieren beträchtliche Mengen Stickstoff in Form von Ammonium.

- Pferd: Auch ein scharfer Dung, mit dem aber leichter umzugehen ist als mit Geflügeldung. Pferdedung enthält mehr Stickstoff als Kuh- oder Schweinedung und heizt sich schnell auf. Sorgen Sie für reichlich kohlenstoffhaltiges Material und ausreichend Feuchtigkeit.
- Schwein: Schweinedung ist konzentriert, hat aber weniger Stickstoff und gärt langsam. Mischen Sie ihn mit anderen Dungarten und großen Mengen grüner oder getrockneter Pflanzen.
- Schaf und Ziege: Schafdung ist stark stickstoffhaltig, Ziegendung weniger. Aber beide bestehen aus kleinen Kügelchen und lassen sich leicht mit pflanzlichen Abfällen mischen.
- Kuh: Frischer Kuhdung ist schlecht zu handhaben, wenn er nicht mit reichlich Streu vermischt wird, er ist naß, schwer und relativ arm an Stickstoff. Mischen Sie ihn mit anderem Dung und grünen Pflanzen, da er langsam fermentiert.

Kuhdung ist der am meisten verwendete Dung, doch andere Arten sind reicher an Nährstoffen.

- Kaninchen: Mit einem höheren Stickstoffgehalt als mancher Geflügeldung enthalten Kaninchen-„Knöpfchen" auch einen großen Prozentsatz an Phosphorsäure. Kaninchendung ist scharf und bringt einen Komposthaufen aus gemischten pflanzlichen Abfällen schnell in Gang. Wie Schaf- und Ziegenausscheidungen ist Kaninchendung relativ trocken und leicht zu behandeln.
- Menschlicher Urin: Den eigenen Urin und den Ihrer Familie zu sammeln, mag Ihnen exzentrisch vorkommen, ist aber durchaus sinnvoll. Besonders als Gärtner in der Stadt hat man es schwer, sich ausreichende Mengen Dung zu beschaffen, und alle Gärt-

ner brauchen zusätzlichen Stickstoff. Menschlicher Urin steht jederzeit kostenlos zur Verfügung und ist reich an gelöstem Stickstoff (beachten Sie aber die Warnung hinsichtlich der Verwendung fester menschlicher Ausscheidungen im Abschnitt über ungeeignetes Material).

Nach den Angaben der Gartenexperten Bill und Helga Olkowski, die die Verwendung von Urin in Komposthaufen und Gemüsegärten empfehlen, können Sie Ihrem Garten den Gegenwert von 45 kg Stickstoff pro Morgen mit Urin zukommen lassen. Geben Sie alle zwei Wochen etwa 0,8 Liter Urin, verdünnt mit fünf Teilen Wasser, pro Quadratmeter. Urin ist immer alkalisch und enthält Salze und Harnstoff, die im Boden zurückbleiben können, wenn es bei Ihnen nur wenig regnet und Sie häufig Urin verwenden. Beseitigen Sie dieses überschüssige Salz, indem Sie einmal im Jahr etwa 50 Gramm Kalk pro Quadratmeter Gartenfläche ausstreuen.

Urin in den Komposthaufen zu geben, ist einfacher. Nehmen Sie einfach eine Gießkanne dafür. Urin zieht keine Fliegen an und erzeugt auch keinen Gestank.

Es gibt allerdings ein einziges Problem bei der Verwendung von Urin, und zwar die Ablehnung und vielleicht sogar Empörung der Nachbarn. Schließlich verlangt ein „normales“ Verhalten, daß man 20 Liter Wasser nimmt, um eine halbe Tasse Urin wegzuspülen. Seien Sie also diskret – zumindest so lange, bis Sie von der Gesellschaft als Pionier anerkannt worden sind.

Erbsen

Erbsenschalen und -ranken an das Vieh zu verfüttern und als Dung zurückzubekommen, ist eine ausgezeichnete Wiederaufbereitungsmethode. Auf der anderen Seite können Erbsenabfälle auch schnell kompostiert werden, weil sie in grünem Zustand reich an Stickstoff sind. Trockene Ranken sollten vor oder beim Kompostieren zerkleinert werden, um die Verrottung zu beschleunigen. Befallene Ranken sollten verbrannt und als Asche in den Boden zurückgeführt werden (die Asche enthält fast 3 Prozent Phosphorsäure und 27 Prozent Kalium).

Erde

Bei der Kompostbereitung ist Erde zwar nicht unbedingt erforderlich, aber doch eine wertvolle Komponente. Die bei der Indore-Methode verlangte dünne Schicht (3 mm) enthält Milliarden von Bodenorganismen, die pflanzliches, tierisches und mineralisches Material aufnehmen und in Humus verwandeln. Die Erde enthält ebenfalls Mineralien und organische Substanz, so daß sie bei Zugabe zu kompostierbarem Material wie ein Aktivierungsmittel wirkt.

Dünne Schichten Erde im Komposthaufen absorbieren flüchtige Substanzen, die bei der Fermentierung entstehen, und verlangsamen dadurch deren Verlust an die Atmosphäre. Und wenn der Komposthaufen fertig ist, verhindert eine mehrere Zentimeter dicke Lage Mutterboden, daß Wärme und Wasser aus dem Komposthaufen entweichen. Geben Sie jedoch nicht zu viel Erde zu, damit der fertige Kompost später nicht zu schwer wird.

Neben Ihrem eigenen Grundstück finden Sie Erde noch in nahegelegenen Wäldern, auf Äckern, in Baugruben, und, als Schlamm, in Flüssen und Teichen, die nicht durch Industrieabfälle verschmutzt sind. Verwenden Sie den Schlamm aus Flüssen und Teichen nicht direkt für Ihren Boden, weil er im Hinblick auf den Stickstoff die gleiche Wirkung wie frischer Dung hat. Mit getrocknetem Schlamm ist außerdem leichter umzugehen, so daß Sie ihn vor dem Kompostieren mit absorbierenden pflanzlichen Abfällen mischen sollten.

Fichtennadeln
Fichtennadeln sind säurehaltig und schwer zu kompostieren. Kutin, eine wachsartige Substanz auf den Nadeln, verhindert ein schnelles Verrotten. Durch Zerkleinern läßt sich der Vorgang beschleunigen. Größere Mengen Fichtennadeln sollten Sie beim Kompostieren nur verwenden, wenn Sie säurehaltigen Humus benötigen oder den pH-Wert eines alkalischen Bodens verringern wollen.

Filzreste
Fragen Sie bei Hutfabriken nach Haar-, Woll- und Filzresten. Diese Materialien enthalten bis zu 14 Prozent Stickstoff und bilden eine Hilfe bei der schnellen Kompostbereitung unter großer Wärmeentwicklung. Diese Abfälle sind jedoch ziemlich trocken, so daß sie nur langsam verrotten oder sich in einer festen Masse absetzen, wenn sie nicht sorgfältig angefeuchtet und mit bakterienreichem Material wie Dung oder Grünpflanzen vermischt werden.

Fischabfälle
Gärtner, die an der See oder in der Nähe von Fischverarbeitungsfabriken wohnen, können sich dieses wohlriechende Zeug normalerweise lastwagenweise holen. Es enthält reichlich Stickstoff und Phosphor (jeweils 7 Prozent und mehr) und außerdem wertvolle Spurenelemente wie beispielsweise Jod. Aber wie alle frischen Rückstände werden Fischabfälle leicht anaërobisch und äußerst anziehend für Nagetiere, Fliegen und andere Aasfresser.
Mit Fischabfällen ist im Garten vorsichtig umzugehen, sie müssen entweder untergegraben werden (mit mindestens 10 bis 15 cm Erde darüber) oder in ordnungsgemäß angelegten Komposthaufen mit stabiler Einfassung kompostiert werden. Mischen Sie sie mit absorbierendem pflanzlichen Material (Sägemehl,

Heu oder trockenes Laub), damit für eine bessere Durchlüftung gesorgt ist und ein Zusammenbacken verhindert wird.
Das Kompostieren von Fischabfällen in einer Grube ist etwas leichter (wenn die Grube erst mal fertig ist). Vermischen Sie sie mit organischem Material oder Sand und bedecken Sie sie mit ausreichend Erde, um die Fliegen zu entmutigen. Dazu muß die Grube mit einem festen Zaun umgeben und mit einem aasfressersicheren Deckel versehen werden.

Fleischmehl
Dieser Rückstand aus Schlachthäusern und Metzgereien ist zwar sehr reich an Nährstoffen, im eigenen Garten jedoch nur schwierig zu verwenden. Fleisch und Fett zersetzen sich nicht so leicht, und wenn man nicht sorgfältig damit umgeht, ziehen sie Fliegen und Nagetiere an und führen zu Beschwerden der Nachbarn über den Gestank. Der Stickstoffgehalt von Fleischmehl liegt zwischen 5 und 12,5 Prozent, der Phosphorgehalt bei 2 Prozent. Je nach dem Knochenanteil kann letzterer auch sehr viel höher sein.

Granitstaub
Das ist eine natürliche Quelle für Kali, die dem im Laden erhältlichen, chemisch behandelten Kalidünger weit überlegen ist. Granitstaub hat einen Kaliumgehalt zwischen 3 und 5 Prozent, enthält Spurenelemente, ist billig und hinterläßt keine schädlichen chemischen Rückstände. Anders als chemisch hergestellter Kalidünger reagiert Granitstaub langsam und setzt seine Nährstoffe im Verlauf mehrerer Jahre frei. Verwendet werden kann er im Komposthaufen oder als Zusatz im Boden oder bei der Flächenkompostierung. Streuen Sie auf zehn Quadratmeter etwa fünf Kilogramm. Warten Sie dazu einen windstillen Tag ab und tragen Sie eine Staubschutzmaske dabei.

Grünsand

Dieses vom Meeresboden stammende Mineral enthält Spuren der meisten (wenn nicht sogar aller) von Natur aus im Salzwasser vorkommenden Elemente. Das auch unter dem Namen Glaukonit oder Grünsandmergel bekannte Mineral ist ein Eisen-Kalium-Silikat, das seit über einem Jahrhundert als wertvolles Mittel zum Bodenaufbau verwendet wird.

Grünsand ist eine ausgezeichnete Kaliumquelle; der Anteil an Kalium, der von den Pflanzen tatsächlich aufgenommen werden kann, beläuft sich auf 6 bis 7 Prozent. Gute Glaukonitablagerungen enthalten darüber hinaus 50 Prozent Kieselerde, 18 bis 23 Prozent Eisenoxide, 3 bis 7,5 Prozent Magnesium, kleine Mengen Kalk und Phosphorsäure sowie Spuren von mehr als dreißig Elementen, die für das höhere Pflanzenleben nützlich sind.

Grünsand ist erhältlich in organisch orientierten Gartengeschäften und bei Samen- und Werkzeugversandhäusern.

Haare

Sechs bis sieben Pfund Haare enthalten so viel Stickstoff wie 100 bis 200 Pfund Dung. Wie Federn verrotten Haare im Komposthaufen schnell unter der Voraussetzung, daß sie gut feucht gehalten und sorgfältig mit einem für die Durchlüftung sorgenden Material vermischt werden. Da Haare sich setzen und das Wasser abstoßen, wird die Verrottung beschleunigt, wenn man den Komposthaufen regelmäßig durcharbeitet und wendet. Die meisten Friseurgeschäfte und Schönheitssalons werden froh sein, Ihnen das Haar sackweise mitgeben zu können (obgleich man Ihre Bitte vielleicht etwas merkwürdig findet, wenn Sie keine Erklärung dafür liefern).

Haustierabfall

Ausscheidungen von gesunden Hunden sind in begrenzter Menge im Komposthaufen ungefährlich. Hundekot ist zwar reich an Nährstoffen, doch der Umgang damit ist schwieriger und unangenehmer als mit Kuh- oder Pferdemist. Manche Hundebesitzer verarbeiten die Hundeabfälle in einem eigenen Komposthaufen oder in einer eigenen Grube.

Abfälle von Hauskatzen und -vögeln gehören nicht in den Komposthaufen.

Katzenausscheidungen sollten Sie völlig meiden, wenn im Haushalt jemand schwanger ist oder wenn Kinder vorhanden sind. Katzenkot kann *Toxoplasma gondii* enthalten, einen einzelligen Organismus, der bei Übertragung auf eine Schwangere beim ungeborenen Kind zu Hirn- und Augenschädigungen führen kann. In Katzenkot kann sich *Toxocara cati* finden, ein Spulwurm, der ähnliche Probleme bei Kindern hervorrufen kann. Halten Sie den Inhalt der Katzentoilette von Kindern *und* vom Komposthaufen fern.

Das Wasser aus Aquarien ist für Zimmerpflanzen und Garten ungefährlich.

Holzasche

Holzasche ist nicht nur wertvoll wegen ihres Kaliumgehalts, sondern läßt sich auch als Kalkersatz zum Neutralisieren saurer Böden verwenden. Der Kaliumgehalt schwankt je nach Art des verbrannten Holzes. Hartholzasche enthält zwischen 1 und 10 Prozent Kalium sowie 1,5 Prozent Phosphor.

Aufgrund ihres Nährstoffgehalts und ihrer insekten- und schneckenabweisenden Eigenschaften läßt sich Asche auch zur Seitendüngung bei Pflanzen verwenden, die in saurem Boden nicht gut gedeihen (beispielsweise Rote Beete, Kopfsalat und bestimmte Kohlarten). Nemen Sie jedoch nicht zu viel; eine dünne Schicht genügt. Halten Sie die Asche außerdem fern von den Wurzeln zarter Sprößlinge und keimender Samen.

Holzasche kann im Komposthaufen verwendet werden, doch sie hat dort eine ähnliche Wirkung wie Kalk (siehe ,,Eine Anmerkung zur Verwendung von Kalk im Komposthaufen" weiter vorn). Bewahren Sie die Asche bis zur Benutzung abgedeckt auf. Regen wäscht das Kalium schnell aus.

Holzspäne

Eine Bodenbedeckung mit Holzspänen ist nicht nur attraktiv, sondern auch wirkungsvoll. Zudem können Holzspäne zur Verbesserung der Durchlüftung in schweren Boden eingearbeitet werden, obgleich sie dort zeitweilig Stickstoff binden, wenn sie verrotten. Pflügen Sie sie im Herbst oder vor dem Aussäen von Gründüngerpflanzen unter, damit möglichst wenig Stickstoff gebunden wird.

Holzspäne lassen sich auch als Streu für das Vieh und im Komposthaufen verwenden, und zwar besonders, wenn dichtes, nasses Material durchlüftet werden muß. Weil Holzspäne mehr Rinde enthalten, sind sie meist etwas reicher an Nährstoffen als Sägemehl (siehe dort). Holzspäne sind erhältlich bei auf Baumpflege spezialisierten Firmen, Wartungstrupps für Überlandleitungen und Sägewerken.

Hopfen

Das ist eine rankende Pflanze, die bei der Bierherstellung Verwendung findet (der charakteristische bittere Geschmack kommt daher). Verbrauchter Hopfen, d. h. der nach dem Brauvorgang übrigbleibende Abfall, ist ein ausgezeichneter Dünger, der (im trockenen Zustand) 2,5 bis 3,5 Prozent Stickstoff und 1 Prozent Phosphorsäure enthält. Naß und frisch hat er allerdings einen strengen Geruch, der aber schnell verschwindet.

Nasser Hopfen kann wie Mist im Herbst oder Frühjahr direkt im Garten verteilt werden. Graben Sie die

Masse unter, indem Sie sie mit den oberen 10 bis 15 Zentimetern des Bodens vermischen. Nasser Hopfen heizt sich schnell auf, so daß Sie dafür sorgen müssen, daß er ein paar Zentimeter von den Pflanzen entfernt bleibt, damit keine Verbrennungen auftreten. Dieses Aufheizen ist bei der Kompostierung natürlich durchaus wünschenswert. Achten Sie darauf, die Feuchtigkeit von verbrauchtem Hopfen durch absorbierendes Material auszugleichen.

Verbrauchter Hopfen ergibt in trockenem Zustand eine gute Bodenbedeckung. Er wird nicht vom Wind davongeweht und entzündet sich auch nicht so schnell, wenn einmal ein Streichholz oder eine Zigarette darauffällt. Eine fünfzehn Zentimeter dicke Lage aus trockenem verbrauchtem Hopfen zersetzt sich über einen Zeitraum von drei Jahren und mehr.

Ein weiterer Abfall aus der Brauerei, nach dem Sie sich erkundigen können, ist das, was von der Maische übrigbleibt. Feucht enthält diese Masse ein Prozent Stickstoff und verrottet rasch.

Hornmehl

Ist wie die meisten Schlachthaus-Nebenprodukte reich an Stickstoff. Ein 100-Pfund-Sack enthält 10 bis 16 Pfund Stickstoff, so viel wie eine Tonne Dung. Der Gehalt an Phosphorsäure liegt bei etwa 2 Prozent.

Hornmehl gibt es in mehreren Feinheitsgraden. Fein gemahlener Hornstaub eignet sich am besten zum Kompostieren, als Bodenzusatz und für Topferde, da es sich schnell auflöst. Der Umgang mit dem körnigeren Mehl ist schwieriger. Es zersetzt sich nur langsam und zieht Fliegen an, wenn es nicht feucht gehalten und mit weiterem organischem Material oder Erde abgedeckt wird.

Kaffeesatz

Würmer scheinen eine besondere Neigung für Kaffeesatz zu haben, so daß Sie diese Reste unbedingt im Komposthaufen oder als Bodenbedeckung verwenden sollten. Der Kaffeesatz ist säurehaltig und kann für sich an Blaubeeren, immergrünen und anderen säureliebenden Pflanzen benutzt werden. Mischen Sie den Satz mit etwas gemahlenem Kalk, wenn die Pflanzen alkalischen oder neutralen Boden benötigen.

Kaffeesatz läßt sich gut beim Kompostieren gebrauchen, doch muß sein Säuregehalt neutralisiert werden.

Der Nährstoffgehalt von Kaffeesatz schwankt je nach der Art des Satzes. Es finden sich bis zu 2 Prozent Stickstoff, 0,33 Prozent Phosphorsäure und unterschiedliche Mengen Kalium. Filterkaffeesatz enthält mehr Nährstoffe als der Satz von normal aufgekochtem Kaffe, doch auch hier liegt der Kaliumgehalt noch unter 1 Prozent. Als weitere Substanzen finden sich Zucker, Kohlehydrate, einige Vitamine, Spurenelemente und Koffein.

Kaffeeröstereien verkaufen Kaffespreu, ein dunkles Material, das über 2 Prozent Stickstoff und Kalium enthält und sich als Bodenbedeckung oder im Kompost verwenden läßt.

Verwenden Sie Ihren Kaffeesatz sofort oder mischen Sie ihn mit anderem organischem Material. Wenn Sie in stehenlassen, wird er schnell sauer und bedeutet eine Einladung für Acetobakterien (essigerzeugende Mikroben) und Fruchtfliegen.

Viele Gärtner sind begeistert von Kaffeesatz und behaupten, daß er eine drastische Wirkung auf Wuchs und Gesundheit verschiedener Pflanzen hat.

Kakaoschalen

Diese Reste aus der Schokoladenherstellung können Sie massenweise von Gartenbedarfsgeschäften beziehen, doch weil sie eine so attraktive Bodenbedeckung abgeben, finden sie nur selten den Weg in den Komposthaufen. Sie sind jedoch reich an Nährstoffen und gut für den Boden, gleich wie sie verwendet werden. In fein gemahlener Form enthalten sie 1,5 Prozent

Kakaoschalen sind eine beliebte Bodenbedeckung für Gemüse und Zierpflanzen, aber mit ihrem Nährstoffgehalt bilden sie auch ein gutes Material für den Komposthaufen.

Phosphor, etwa 1,7 Prozent Kalium und 1 Prozent Stickstoff – letzteres ein hoher Wert angesichts der holzigen Natur von Kakao.
Nach der Behandlung der Schalen zur Extraktion von Koffein und Theobromin enthalten die Rückstände etwa 2,7 Prozent Stickstoff, 0,7 Prozent Phosphorsäure und 2,6 Prozent Kalium. Unbehandelte Rohschalen zeigen einen höheren Nährstoffgehalt. Auch gepreßter Kakaokuchen wird als Dünger angeboten. Im Vergleich zu den Schalen enthält er mehr Stickstoff, weniger Kalium und fast 0,9 Prozent Phosphor. Sein Stickstoffgehalt schwankt je nach der Verarbeitungsart.
Wenn Sie eine Quelle für öl- und theobrominfreie Kakaoabfälle ausfindig machen können, haben Sie ein nützliches Produkt für die Bedeckung säurehaltiger Böden. Beim Extraktionsprozeß wird Kalk verwendet, so daß die Schalen den pH-Wert anheben und gleichzeitig dem Boden feuchtigkeithaltende organische Substanz zufügen. Kakaoschalen sind zudem unkrautfrei und geruchlos.
Streuen Sie die Schalen zur Bodenbedeckung in einer 2,5 cm dicken Schicht aus. Sie sind hellbraun, sehen um Büsche, Immergrüngewächse und Blumenbeete herum hübsch aus und haben ausgezeichnete Eigenschaften hinsichtlich Schutz vor Austrocknung und Isolierung. Bei der Verwendung im Komposthaufen sollten die Schalen zerkleinert oder pulverisiert werden, damit sie sich schnell zersetzen.

Kalk

Kalk ist zwar kein Dünger, wird aber in Gärten mit saurem Boden benötigt (zur allgemeinen Anwendung siehe Tabelle „Kalkmengen“ im Kapitel über die Wirkung von Kompost auf den Boden). Kalk liefert zwar Kalzium (und Magnesium, wenn Dolomitkalk verwendet wird), seine Hauptbedeutung liegt jedoch in seiner Rolle zur Neutralisierung saurer Böden und in seiner physikalischen Wirkung auf den Boden. Kalk bricht klebrige Tonpartikel auf und bindet lockere Sandkörner und sorgt somit für eine bessere Drainage im Tonboden und ein besseres Zurückhalten des Wassers im Sand. Aber Kalk wird am besten direkt auf den Boden gegeben, anstatt ihn im Komposthaufen zu verwenden (siehe „Eine Anmerkung zur Verwendung von Kalk im Komposthaufen" weiter vorn).

Kartoffeln

Kartoffelschalen sind fast immer im Küchenabfall zu finden. Sie bilden eine wertvolle Quelle für Stickstoff (etwa 0,6 Prozent als Asche) und Spurenelemente im Komposthaufen. Verdorbene ganze Kartoffeln lohnen das Kompostieren ebenfalls. Die Knollen enthalten etwa 2,5 Prozent Kalium sowie andere Mineralien. Verwenden Sie auch das Kartoffelkraut; es läßt sich kompostieren oder wieder untergraben. Trockenes Kartoffelkraut enthält etwa 1,6 Prozent Kalium, 4 Prozent Kalzium und 1,1 Prozent Magnesium sowie Schwefel und andere Mineralien.

Klärschlamm

Klärschlamm ist zwar reich an Nährstoffen und ein ausgezeichnetes Mittel zur Wiederaufbereitung menschlicher Abfälle, muß aber im Hinblick auf eine Verwendung im Garten oder Komposthaufen als fragwürdiges oder gefährliches Material betrachtet werden. Beim Klärschlamm handelt es sich um die feste Masse, die nach der chemischen, bakteriellen oder physikalischen Verarbeitung von organischen Abfällen und Schmutzwasser zurückbleibt. Je nach der Art der Verarbeitung enthält er bis zu 6 Prozent Stickstoff.

Bis vor kurzem wurde Klärschlamm meist verbrannt, in Erdaufschüttungen vergraben oder ins Meer gekippt. Jetzt besteht ein zunehmendes Interesse daran, dieses möglicherweise wertvolle Material zur Bodenverbesserung einzusetzen. Das wäre eine ideale Sache, wenn der Schlamm sich nur aus den Resten menschlicher Abfälle zusammensetzte, doch das ist nicht der Fall.

Meist bestehen die städtischen Abwässer aus einer unkontrollierten Mischung von Haus- und Industriemüll. Demzufolge ist der Klärschlamm häufig mit giftigen Mengen Schwermetall verseucht, worunter Kadmium das gefährlichste ist. Andere Schwermetalle wie Kupfer, Zink und Nickel sind zwar für den Menschen gefährlich, doch eine hohe Konzentration dieser Metalle würde sich im Boden zeigen. Die Pflanzen würden gelb werden, verwelken und absterben.

Anders bei Kadmium. Die Pflanzen nehmen ohne weiteres große Mengen dieser Substanz auf, ohne daß Anzeichen für eine Vergiftung zu sehen sind. Durch Essen der verseuchten Pflanzen ist die Gesundheit von Mensch und Tier in Gefahr, da ein Zusammenhang besteht zwischen Kadmium einerseits und Krebs und Nierenschädigung andererseits.

Indirekt kann Kadmium auf viele Arten in Ihren Gartenboden gelangen, durch Autoabgase wie auch durch industriell verursachte Luft- und Wasserverschmutzung. Wenn Sie jedoch auf Ihrem Land oder in Ihrem Komposthaufen verseuchten Klärschlamm verwenden, kann der Kadmiumspiegel schlagartig und über Nacht in den giftigen Bereich emporschnellen und Ihren Boden dauerhaft schädigen.

Nehmen Sie also keinen Klärschlamm, ohne vorher eine Menge Fragen zu stellen und genaue Antworten darauf zu erhalten. Wurde der Klärschlamm geprüft und analysiert? Gibt es in Ihrer Gemeinde Industriebetriebe, deren Abwasser in die städtische Kanalisation eingeleitet wird?

Elektronikunternehmen, Zinkschmelzen, Klischeeanstalten sowie Hersteller von Glühbirnen, Farbstoffen, Batterien und PVC können alle zu einer Verseuchung des Klärschlamms beitragen. Wenn Sie sich nicht absolut sicher sind hinsichtlich der im Klärschlamm enthaltenen Chemikalien, sollten Sie ihn nicht an oder bei Nahrungspflanzen aufbringen und auch nicht dort, wo eventuell abfließendes Wasser einen Garten, Obstgarten oder Brunnen verseuchen könnte.

Knochenmehl

Als weiteres Nebenprodukt aus dem Schlachthaus bilden die pulverisierten Überreste von Knochen zusammen mit Rohphosphat eine der Hauptquellen für Phosphor auf dem Bauernhof und im Garten. Knochenmehl enthält außerdem einen großen Prozentsatz Stickstoff, wobei der tatsächliche Gehalt an beiden Mineralien von Alter und Art der verarbeiteten Knochen abhängt. Rohes Knochenmehl enthält gewöhnlich 20 bis 25 Prozent Phosphorsäure und 2 bis 4 Prozent Stickstoff. Dampfbehandeltes Knochenmehl, die häufiger zu findende Art, hat bis zu 30 Prozent Phosphor und 1 bis 2 Prozent Stickstoff. Letzteres ist auch feiner als die rohe Form, wodurch es sich im Boden oder Komposthaufen schneller zersetzt.

Knochenmehl ist eine ausgezeichnete Pflanzennahrung, die für Phosphor wie auch Stickstoff sorgt, doch es enthält Kalk und sollte daher im Komposthaufen nur mäßig verwendet werden.

Knochenkohle ist ein anderer Knochenrückstand, der etwa 1,5 Prozent Stickstoff, 30 Prozent Phosphorsäure und viele Spurenelemente enthält.

Knochenmehl wirkt am besten, wenn es mit anderer organischer Substanz gemischt und in gut durchlüftete Böden gegeben wird. Es hat zudem wegen seines Kalkgehalts eine alkalisierende Wirkung, so daß Sie bei der Verwendung den pH-Wert Ihres Bodens berücksichtigen sollten. Verwenden Sie es beim Kompostieren in bescheidenen Mengen, damit sich der Stickstoff nicht verflüchtigt (siehe „Anmerkung zur Verwendung von Kalk im Komposthaufen").

Küchenabfall bildet eins unserer am häufigsten vergessenen Hilfsmittel, das im kleinen wie auch in größerem Maßstab einer Wiederverwendug zugeführt werden sollte.

Küchenabfall

Wir werfen regelmäßig Berge von wertvollen Essensresten weg, die entweder im Mülleimer an den Straßenrand gestellt oder zerkleinert in die überlastete Kanalisation gespült werden. Aber mit 1 bis 3 Prozent Stickstoff sowie Kalzium, Phosphor, Kalium und Spurenelementen stellen Küchenabfälle eine echt vernachlässigte Hilfsquelle dar. Das Material kostet nichts, fällt täglich in Mengen an und ist relativ leicht zu behandeln.

Küchenabfälle können direkt im Garten vergraben werden (siehe den Abschnitt über Gräben und Kompostlöcher im Kapitel „Kompostbereitung"). Sie können aber auch in Haufen oder Gruben kompostiert werden. Mischen Sie sie gut mit absorbierendem Material wie trockenem Laub oder Heu, um die Feuchtigkeit zu kompensieren. Verwenden Sie einen tiersicheren Verschlag und achten Sie darauf, die Abfälle möglichst mitten in den Komposthaufen einzubringen und sie sorgfältig mit Erde oder weiterem Kompostmaterial zu bedecken, damit die Fliegen abgehalten werden (das ist nur im Anfangsstadium des Kompostierens erforderlich; ein heißer Komposthaufen verarbeitet fast alle Küchenabfälle innerhalb von 48 Stunden nahezu völlig).

Zerkleinern Sie alle großen Stücke (Kartoffeln, Grapefruitschalen, Eierschalen usw.), um die Zersetzung zu beschleunigen. Verwenden Sie kein Fleisch, Fett und keine Knochen im Komposthaufen, da deren völlige Zersetzung zu lange dauert.

Laub

Hier haben wir ein weiteres wertvolles Material zum Kompostieren und für die Bodenbedeckung, das den meisten Gärtnern im Überfluß zur Verfügung steht. Weil Bäume ausgedehnte Wurzelsysteme haben, holen sie ihre Nährstoffe tief aus der Erde herauf. Ein großer Teil dieser Mineralien gelangt in die Blätter, die dadurch zu einem hervorragenden Hilfsmittel für den Garten werden. Das meiste Laub enthält Pfund für Pfund doppelt so viel Mineralstoffe wie Dung. Der beträchtliche Faseranteil im Laub sorgt zudem für eine Verbesserung der Durchlüftung und der Struktur der meisten Böden.

Viele Leute verzichten auf Laub im Kompost, weil sie Ärger damit gehabt haben, daß es zusammenbackte und der Verrottung widerstand. Laub enthält nicht viel Stickstoff, so daß ein Haufen Blätter allein vielleicht Jahre braucht, um sich völlig zu zersetzen. Aber das meiste Laub läßt sich in einigen Wochen (längstens in ein paar Monaten) in feinstrukturierten Humus verwandeln, wenn man einige allgemeine Hinweise befolgt:

Ein Pfund Laub enthält normalerweise doppelt so viel Mineralstoffe wie ein Pfund Dung.

1. Zerkleinern Sie das Laub mit einem elektrischen Rasenmäher oder einem Häcksler, damit sich eine größere Oberfläche ergibt. Sie können es auch zerkleinern, nachdem es mit anderem organischem Material vermischt und zum Haufen aufgeschichtet worden ist. Anstatt die Masse mit einer Forke zu wenden, zerkleinern Sie sie mit einer 10 Pfund schweren Breit- oder Rodehacke. Das feuchte Laub fällt auseinander, vermischt sich mit dem stickstoffhaltigen Material und zersetzt sich schnell.
2. Laub braucht *unbedingt* zusätzlichen Stickstoff, um den hohen Kohlenstoffgehalt auszugleichen. Mischen Sie 5 Teile Laub zu 1 Teil Dung (nach *Gewicht,* nicht nach Volumen). Oder verwenden Sie eine Mischung aus frischem Rasenschnitt und Laub im Verhältnis 50:50 (nach *Volumen,* nicht nach Gewicht). Wenn Sie keinen Dung oder Rasenschnitt haben, nehmen Sie einen Stickstoffzusatz, wie Sojabohnenmehl, Trockenblut, Knochenmehl

oder Lederstaub. Streuen Sie davon ein paar Tassen voll über jede Schubkarre Laub. Achten Sie darauf, daß das Laub gut feucht ist, oder es entwickelt sich keine Hitze, ganz gleich, wie viel trokkenen Stickstoff Sie zugeben.
Blätter lassen sich auch in feine schwarze Lauberde verwandeln, indem man sie einfach aufhäuft, sorgfältig anfeuchtet und ein paar Jahre im Freien liegen läßt. Lauberde enthält nicht die im kompostiertem Laub zu findende Nährstoffmenge, ist aber ein ausgezeichnetes Mittel zum Bodenaufbau und eine attraktive Bodenbedeckung. Das Material ist jedoch säurehaltig und muß mit Kalk bestäubt werden, wenn der Boden bereits einen niedrigen pH-Wert hat.

Lederstaub
Dieses in Gartengeschäften und bei lederverarbeitenden Firmen erhältliche Material ist mit seinen 5,5 bis 12 Prozent sehr reich an Stickstoff. Auch Phosphor ist in beträchtlicher Menge enthalten. Verwenden Sie es als Bodenzusatz und zur Seitendüngung um die Pflanzen herum oder bestäuben Sie die einzelnen Lagen in Ihrem Komposthaufen damit.

Lohe
Lohe ist pflanzlicher Abfall, der nach dem Gerben von Leder übrigbleibt. Sie wird zerkleinert, aufgehäuft und mit verrottungsfördernden Bakterien „geimpft". Auf diese Art kompostiert, wird Lohe als Material für die Bodenbedeckung verkauft. Eine Analyse ergibt 1,7 Prozent Stickstoff, 0,9 Prozent Phosphor und 0,2 Prozent Kalium, dazu verschiedene Spurenelemente. Wie Torf macht sich Lohe ausgezeichnet als Bodenbedeckung, ist jedoch zu teuer, um sie in großen Mengen zur Kompostierung heranzuziehen.

Luzernen

Das sind winterharte krautartige Hülsenfrüchte, die als Viehfutter und als überlegener Gründünger oder Deckfrucht angebaut werden. Luzernen wachsen fast überall und werden als Heu oder dehydrierte Futterkörner angeboten. Ihr Stickstoffgehalt und ihre Wasseraufnahmefähigkeit machen sie zu einem ausgezeichneten Teil des Komposthaufens.

Das Kohlenstoff/Stickstoff-Verhältnis von Luzernen beträgt 12:1, so daß sich durch Zugabe gleicher Teile Laub oder Obstabfälle das ideale Verhältnis von 25 oder 30:1 ergibt. Gutes Luzernenheu ist allerdings teuer. Fragen Sie bei Bauern oder in Futtermittelgeschäften nach verdorbenen Ballen, die als Viehfutter nicht mehr geeignet sind.

Maiskolben

Diese Überreste waren früher massenweise in den Mühlen erhältlich, doch in den heutigen Mähdreschern werden die Stengel zerkleinert und die Strünke gleich wieder auf den Acker hinausgeblasen. Maiskolbenstrünke enthalten zwei Drittel der Nährstoffe des Maiskorns, doch sie müssen vor dem Kompostieren gehäckselt werden, weil es sonst Jahre dauert, bis sie sich zersetzen. Lassen Sie die Strünke ein paar Monate im Freien auf dem Haufen liegen und zerkleinern Sie sie dann mit dem Häcksler oder Rasenmäher. Die Strünke halten sehr gut die Feuchtigkeit und ergeben eine effektive Bodenbedeckung, wenn sie in einer Lage von sieben bis zehn Zentimetern Tiefe aufgebracht werden. Gehäckselte Strünke lassen sich auch zur Anzucht verwenden. In Komposthaufen, die lange stehen und nicht gewendet werden, sorgen Maiskolben gemischt mit Laub und anderem dichten Material für Durchlüftung und verhindern das Zusammenbacken.

Melasse

Die Abfälle aus der Zuckerraffinierung sind offensichtlich reich an Kohlehydraten, enthalten aber auch ein paar mineralische Nährstoffe. Von Natur aus im Komposthaufen vorhandene Hefezellen fermentieren diese Zucker schnell. Trockenmelasse gibt es auch in Futtermittelgeschäften.

Oliven

Olivensteine enthalten Phosphor, Stickstoff und etwas Lignin (eine holzige Substanz, die mit Zellulose verwandt ist). Aber die Steine müssen vor dem Kompostieren zermahlen oder kleingehackt werden, weil sie sonst Jahre brauchen, um sich zu zersetzen. Der Nährstoffgehalt von entsteinter Olivenmasse schwankt. Eine Untersuchung ergab, daß der Brei (das, was nach dem Auspressen übrigbleibt) 1,15 Prozent Stickstoff, 0,78 Prozent Phosphorsäure und 1,26 Prozent Kalium enthielt. Der Brei ist ölig und sollte gut mit anderem organischem Material vermischt werden.

Rasenschnitt

Das ist ein kompostierbares Material – ein echter Gründünger –, das die meisten Vorstadtbewohner und auch einige Stadtbewohner in Massen produzieren können. Wenn Sie auch keinen Rasen haben, Ihre Mitbürger haben einen; am Tag, an dem die Müllabfuhr kommt, reihen sie Säcke voll mit Rasenschnitt am Straßenrand auf, aus denen Sie bequem ernten können.

Werfen Sie Rasenschnitt niemals weg; benutzen Sie ihn zur Bodenbedeckung oder benutzen Sie ihn für den Komposthaufen, aber benutzen Sie ihn auf jeden Fall.

Frischer Rasenschnitt ist außerordentlich reich an Stickstoff und heizt sich im Komposthaufen von selbst auf. Aber wegen seines hohen Wassergehalts backt er auch zusammen und wird schleimig. Mischen Sie Rasenschnitt immer mit trockenem Laub oder anderem trockenem Material. Rasenschnitt und Laub lassen sich in zwei Wochen in fertigen Kompost umwandeln, wenn der Komposthaufen alle drei Tage durchgearbeitet und gewendet wird (siehe den Abschnitt über schnelles Kompostieren im Kapitel „Kompostbereitung" weiter vorn). Sie können auch zwei Drittel Rasenschnitt mit einem Drittel Mist mischen und erhalten relativ schnell Kompost, selbst ohne den Haufen zu wenden.

Rasenschnitt ergibt auch eine ausgezeichnete Bodenbedeckung im Gemüse- oder Blumengarten oder um Büsche und Bäume herum. Rasenschnitt sieht als Bodenbedeckung hübsch aus und bleibt liegen, wobei bereits eine dünne Schicht ausreicht (7-10 cm), um Unkraut zu ersticken und die Feuchtigkeit im Boden zu halten. Rasenschnitt kann auch direkt in die Erde eingegraben werden. In grünem Zustand verursacht er einen vorübergehenden Stickstoffmangel, doch der hält nicht lange an, weil der Rasenschnitt fein genug ist, um sich schnell zu zersetzen. Außerdem können sich die Zerfallsbakterien direkt von dem reichlich vorhandenen Stickstoff ernähren, ohne sich viel von diesem Nährstoff aus dem Boden holen zu müssen.

Eine Vorsichtsmaßnahme ist bei Rasenschnitt jedoch angebracht. Viele Hausbesitzer verwenden bei ihrem Streben nach einem makellosen Rasen bestimmte Kombinationspräparate oder eines aus einem halben Dutzend Herbizide. Das gefährlichste unter diesen Mitteln ist 2,4-D, ein vor dem Sichtbarwerden des Unkrauts angewendetes Vernichtungsmittel, das bei Tierversuchen im Labor Geburtsschäden verursacht hat und krebserregend sein kann.

Dieses schnellwirkende Pflanzenhormon greift zwar breitblättrige Pflanzen wie beispielsweise Löwenzahn an und führt dazu, daß diese sich buchstäblich in Stunden zu Tode wachsen, hat aber keine Wirkung auf Gräser. Schmalblättrige Pflanzen absorbieren zwar Spuren dieses Hormons, jedoch nicht so viel,

daß es ihnen schaden könnte. In breitblättrigen Pflanzen bilden sich Rückstände von 2,4-D, die allerdings theoretisch ebenfalls von den Bodenorganismen innerhalb einer Woche verarbeitet sein müßten. Trotzdem sollten Sie darauf achten, daß an dem Rasenschnitt kein Sprühnebel von einer kürzlich erfolgten Anwendung zu finden ist.
Fragen Sie Ihre Nachbarn oder die Leute, bei denen Sie Ihren Rasenschnitt holen, was für Mittel sie für ihren Rasen benutzen (wenn seit der letzten Anwendung des Herbizids mehrere Male gemäht wurde oder öfter Regen gefallen ist, sollte der Rasenschnitt frei von 2,4-D sein). Nehmen Sie Ihren eigenen Rasenschnitt, falls vorhanden, oder gehen Sie auf die Suche nach Naturrasen mit gesundem Löwenzahn – ein Zeichen dafür, daß der Besitzer klug genug war, Herbizide zu meiden.

Reißwolle

Diese Reste sind oft in Spinnereien und, in kleineren Mengen, bei Heimwebereien zu bekommen. Wie Haar zersetzt sich Wolle nur dann schnell, wenn sie feucht und gut mit anderem Material gemischt ist, damit sie nicht zusammenbackt. Reißwolle enthält im allgemeinen 3,5 bis 6 Prozent Stickstoff, 2 bis 4 Prozent Phosphor und 1 bis 3,5 Prozent Pottasche.

Rizinuspflanzenmasse

Diese Masse ergibt sich als Abfallprodukt in Fabriken, in denen Rizinusöl hergestellt wird. Sie bleibt zurück, wenn den Rizinuspflanzen das Öl entzogen worden ist. Der Stickstoffgehalt schwankt zwischen 4 und 6,6 Prozent. Der Gehalt an Kalium und Phosphorsäure liegt bei ein bis zwei Prozent, wobei der Phosphorgehalt größeren Schwankungen unterworfen ist.
Die Pflanzenmasse gibt ein ausgezeichnetes Aktivie-

rungsmittel für den Komposthaufen ab, wenn Dung oder Stickstoff aus anderem Material tierischen Ursprungs nicht zur Verfügung stehen. Verrühren Sie die Masse zu einem dünnflüssigen Brei und vermischen Sie sie gut mit absorbierendem organischem Material.

Rohkali

Wie andere Mineraldünger kann auch Rohkali im Boden verwendet werden, ohne daß die Gefahr einer Überdosierung besteht. Dieses billige Mineral, das große Mengen Kalium enthält, läßt sich direkt in der Erde oder auch im Komposthaufen verwenden. Für den Garten wird gewöhnlich eine Menge von gut einem Kilogramm auf etwa zehn Quadratmeter empfohlen. Rohkali kann man überall kaufen.

Rohphosphat

Wegen seines Werts als Zusatz zu Boden und Komposthaufen ist es eine Hauptstütze für organisch arbeitende Gärtner und Bauern. Die chemische Zusammensetzung von Rohphosphat schwankt zwar je nach seiner Herkunft, doch es enthält im allgemeinen 65 Prozent Kalziumphosphat oder neutralen phosphorsauren Kalk. Dazu kommt eine Reihe anderer Verbindungen und Spurenelemente, die für die pflanzliche Entwicklung wichtig sind.
Rohphosphat ist ein in der Natur vorkommender Mineralstoff; verwechseln Sie es nicht mit Superphosphat. Letzteres wird mit Schwefelsäure behandelt, damit es besser löslich ist. Durch diese Behandlung gehen jedoch viele Spurenelemente verloren, und der zusätzliche Schwefel führt zu einer Vermehrung der schwefelabbauenden Bakterien im Boden. Diese Organismen greifen den Schwefel an und ernähren sich außerdem von einem Pilz, der die Zellulose im

Boden abbaut. Neben der Tatsache, daß Superphosphat für ein Ungleichgewicht der Mikroben sorgt, kann es auch schädliche Salze im Boden hinterlassen. Rohphosphat schafft diese Probleme nicht. Es reagiert langsam, wodurch schon nach einer einzigen Anwendung viele Jahre Nährstoffe für die Pflanzen vorhanden sind. Bei alleiniger Anwendung im Gemüse- oder Blumengarten reicht etwa ein Pfund pro Quadratmeter Anbaufläche für drei bis fünf Jahre. Man kann auch die übereinanderliegenden Schichten im Komposthaufen leicht damit bestreuen, damit das fertige Produkt mehr Nährstoffe enthält.

Rübenabfall
Die Rückstände aus der Zuckerrübenverarbeitung werden gemeinhin als Viehfutter verwendet, sie zersetzen sich aber auch bereitwillig im Komposthaufen oder als Flächenkompost. Sie enthalten im Durchschnitt 0,4 Prozent Stickstoff, 0,7 bis 4,1 Prozent Kalium und 0,1 bis 0,6 Prozent Phosphorsäure. Getrocknete Rübenmasse gibt es auch in vielen Futtermittelgeschäften.

Sägemehl
Viele Gärtner haben Angst vor diesem fast überall erhältlichen und billigen (oder kostenlosen) Material, weil sie irrtümlicherweise glauben, daß es ihren Boden sauer macht oder Stickstoffmangel verursacht. Rohes Sägemehl bindet bei der Zersetzung Stickstoff im Boden, aber der Stickstoffverlust ist nur vorübergehend. Rohes Sägemehl läßt sich aber auch zur Bodenbedeckung verwenden, und zwar ohne jeden Verlust an Stickstoff im Boden. Eine 5 cm dicke Lage sieht gut aus, bewahrt die Feuchtigkeit, erstickt Unkräuter und vergrößert nach und nach den Humusgehalt des Bodens. Graben Sie rohes Sägemehl erst nach Ende der Anbauzeit in den Boden ein, dann kann es sich

zersetzen, ohne schädlichen Einfluß auf die Pflanzenentwicklung zu nehmen.
Umfassende Untersuchungen durch die landwirtschaftliche Versuchsstelle des Staates Connecticut (1949 bis 1954) haben bewiesen, daß saure Böden durch die regelmäßige Anwendung von Sägemehl und Holzspänen nicht saurer werden. Aber durch weitgehende Anwendung auf den extrem alkalischen Böden in den westlichen Vereinigten Staaten kann der pH-Wert in Richtung neutral beeinflußt werden.
Sägemehl enthält sehr wenig Stickstoff, so daß zum Kompostieren große Mengen stickstoffhaltigen Materials wie beispielsweise Dung oder proteinreiche Grünmasse erforderlich sind. Wenn es sich in der Praxis machen läßt, ist es dazu am einfachsten, Sägemehl als Viehstreu zu verwenden. Beim Ausmisten hat man dann eine leicht kompostierbare Mischung aus Sägemehl, Urin und Dung (siehe auch unter „Holzspäne" weiter vorn).

Stroh

Stroh enthält zwar nur wenig Nährstoffe und viel Kohlenstoff, erweist sich aber im Komposthaufen oder als Bodenbedeckung als nützlich, weil es die überschüssige Feuchtigkeit extrem nasser Materialien wie etwa frischen Dungs aufnimmt. Stroh muß sorgfältig mit feuchtem, stickstoffreichem Material vermischt werden, weil die Zersetzung sonst mehrere Jahre dauert. Zerkleinern Sie das Stroh, damit es schneller geht. Stroh, das als Viehstreu verwendet wurde, ist ideal für das heiße Kompostieren.

Stroh, und zwar besonders Stroh aus dem Stall, macht sich gut im Komposthaufen – es ist billig und im Überfluß vorhanden.

Tabak

Tabakabfälle lassen sich mit gutem Erfolg kompostieren, zur Bodenbedeckung verwenden und als Flächenkompost in den Boden einbringen. Die Analyse von Stengeln, Blättern und Staub zeigt, daß 100 Pfund

Tabaküberreste 2,5 bis 3,7 Pfund Stickstoff, fast ein Pfund Phosphor und einen besonders hohen Prozentsatz an Kalium enthalten, nämlich 4,5 bis 7 Pfund. Wenn Sie in einem Land leben, in dem Tabak angebaut wird, und wenn Sie diese Abfälle von Bauern oder Verarbeitungsfirmen bekommen können (die sie vielleicht ballenweise verkaufen), verwenden Sie sie wie Dung. Bringen Sie sie nicht in die Nähe von Tabak, Tomaten oder anderen Mitgliedern der Tabak- oder Kartoffelfamilie, weil sie alle anfällig für die gleichen Viruserkrankungen sind, und zwar insbesonders für die Mosaikkrankheit.

Überreste von Tabakpflanzen (keine Zigaretten) sind bei etwas Vorsicht gut im Kompost zu gebrauchen.

Und verwenden Sie Tabakabfälle auch nicht allein zur Bodenbedeckung. Mischen Sie sie mit anderem organischem Material, weil das Nikotin in konzentrierter Form ausgewaschen wird und Bodenorganismen, Regenwürmer und einige nützliche Insekten tötet.

Tang

Gärtner, die an der Küste leben, finden mehrere Arten von Tang am Ufer. Suchen sie nach Blattang (Laminaria), Blasentang (Fucus), Meersalat (Ulva) und anderen Abarten. Woanders kann man Tanggranulat oder Flüssigkonzentrat kaufen. All diese Tangarten sind reich an vielerlei Spurenelementen und eine Wohltat für Pflanzen, Boden und Komposthaufen.

Tang ist reich an Spurenelementen und ergibt eine exzellente Pflanzennahrung und Komposthaufenzutat.

Im Vergleich zu Dung hat Tang im allgemeinen einen ähnlichen Gehalt an organischen Stoffen. Die Prozentsätze sind jedoch anders verteilt: Tang enthält mehr Kalium, aber weniger Stickstoff und Phosphor als Dung.

Nassen, frischen Tang sollten Sie schnell seiner Bestimmung zuführen, weil er rasch verdirbt, wenn man ihn einfach liegen läßt. Graben Sie den Tang unter oder vermischen sie ihn mit stickstoffhaltigem und absorbierendem Material zum schnellen Kompostieren. Die Bakterien schwelgen in der in den

Blättern zu findenden Alginsäure, wodurch Tang sich ausgezeichnet zur Aktivierung des Komposthaufens eignet.
Wenn Sie nur kleine Mengen Tang haben, sollten Sie sie zerkleinern und über Nacht in etwa vier Liter heißem Wasser (70 bis 82 Grad) einweichen. Besprühen Sie mit dieser Mischung die einzelnen Lagen im Komposthaufen. Die Flüssigkeit kann auch als Pflanzenspray verwendet werden (sie hat bestimmte insekten- und pilzabweisende Eigenschaften), als Flüssigdünger sowie als Keimwasser für Samen. Flüssigtang aus Konzentrat oder Granulat läßt sich ebenso einsetzen. Trockentangpulver kann zur Seitendüngung verwendet werden.

Tee

Sie werden eine Menge kleine Teebeutel sammeln müssen, wenn Sie diese Reste in großem Maßstab nutzbar machen wollen, aber es könnte sich lohnen. Teeblätter enthalten mit 4,15 Prozent überraschend viel Stickstoff. Ihr Phosphor- und Kaliumgehalt ist jedoch gering, jeweils weniger als ein Prozent.

Thomasschlacke

Dieses Nebenprodukt der Industrie entsteht, wenn Eisenerze zu Roheisen geschmolzen werden. Beim Schmelzvorgang sind große Mengen Kalk und Dolomit erforderlich, die sich mit Unreinheiten im Erz verbinden und als Schlamm die Oberfläche des geschmolzenen Metalls bedecken. Die nach dem Abschöpfen und Auskühlen entstehende Schlacke enthält zahlreiche Mineralien, die auch in der Erde vorkommen – Kalk, Magnesium, Silizium, Aluminium, Mangan, Schwefel und Eisen. Dazu kommen noch Spuren von Bor, Chrom, Kupfer, Molybdän, Kalium, Natrium, Strontium, Zinn, Titan, Vanadium, Zink und Zirkonium. Der genaue Prozentsatz

dieser Mineralien hängt von Schwankungen im Schmelzprozeß ab.
Die feste Schlacke wird zu einem feinen schwarzen Pulver zermahlen und kann dann zur Bodenverbesserung im Garten und auf dem Acker verwendet werden. Das Material ist alkalisch und wird gern zum Kalken genommen. Untersuchungen haben sogar gezeigt, daß es dafür besser als Kalk geeignet ist, weil es mehr Mineralstoffe enthält.
Die Schlacke kann freigiebig im Boden oder Komposthaufen verwendet werden, und zwar ohne Bedenken, daß man zuviel nimmt. Sie verursacht keine Verbrennungen an Pflanzen oder Wurzeln. Bohnen, Erbsen, Klee, Wicken, Luzernen und andere Hülsenfrüchte profitieren besonders davon. Aber da die Zusammensetzung von Schlacke schwankt, sollten Sie vor der Anwendung nach der genauen Analyse fragen. Meiden Sie Schlacke, in denen nur wenig oder gar keine Nährstoffe und Spurenelemente sind. Das gleiche gilt für Schlacke mit überreichlichem Schwefelgehalt.

Torfmoos
Bei diesem faserigen Naturmaterial handelt es sich um die jahrhundertealten, teilweise zerfallenen Reste von Pflanzen. Die Hauptvorteile dieses zur Bodenverbesserung, Bodenbedeckung und Pflanzenvermehrung verkauften Mittels liegen in seiner Fähigkeit, die Feuchtigkeit zu speichern (Torf nimmt das Fünfzehnfache seines Eigengewichts an Wasser auf), und in seiner faserigen Masse. Trockener Torf lockert schwere Böden auf, bindet leichte Böden, hält die Nährstoffe an Ort und Stelle und verbessert die Durchlüftung. Doch während seine physikalischen Wirkungen auf den Boden durchaus wertvoll sind, bildet er anderseits keinen Ersatz für Kompost. Bei seinem Preis, seinem relativ niedrigen Nährstoffgehalt und seinem Säurecharakter wird Torf am besten als

Medium zum Keimen und Bewurzeln, als Bodenbedeckung oder als Bodenzusatz bei säureliebenden Pflanzen verwendet.

Traubenabfälle

In Winzerbetrieben fallen diese Überreste aus Schalen, Kernen und Stengeln beim Pressen tonnenweise an. Bei Weinbauern sammeln sich auch nach dem jährlichen Schnitt der Rebstöcke große Mengen an abgeschnittenen Reben. Der Nährstoffgehalt dieser Abfälle ist zwar nicht besonders hoch, doch allein die Masse an organischem Material ist gut für den Boden, indem sie die Durchlüftung und die Aktivität der Mikroben fördert.

Die beim Pressen übrigbleibenden Abfälle sind naß und breiig und sollten mit absorbierendem pflanzlichem Material vermischt werden. Dazu ist weiterer Stickstoff in Form von Dung oder proteinreicher Grünmasse erforderlich, wenn Sie schnellen und heißen Kompost bereiten wollen. Der Rebenschnitt ist zäh und muß in Stücke von sieben bis fünfzehn Zentimetern zerhackt werden, wenn er sich in einer Saison zersetzen soll.

Unkraut

„Unkraut", sagte Emerson, „ist eine Pflanze, für die eine Verwendungsmöglichkeit erst noch gefunden werden muß." Aber als Gärtner kann man mit fast allen Unkräutern den Boden anreichern. Man läßt sie wachsen, und später werden sie abgemäht, zusammengeharkt und im Komposthaufen oder zur Flächenkompostierung verwendet. Kleingeschittenes Unkraut läßt sich auch zur Bodenbedeckung verwenden, so lange es geschnitten wird, bevor die Samenstände erscheinen (bei Temperaturen von 60 bis 71° C wird Unkrautsamen im Komposthaufen zerstört). Die Wurzeln verschiedener Unkräuter gehen tief in den

Boden hinein und leiten viele Mineralstoffe in die Blätter und Stiele empor.

Wasserpest

In vielen Flüssen wächst diese Plage in Hülle und Fülle. Eine Anfrage bei der zuständigen Behörde für Umwelt, Fischzucht, Landwirtschaft oder Gewässer bringt Ihnen dieses Grünzeug vielleicht fuderweise ein. Häckseln Sie es, damit es sich schnell zersetzt, und mischen Sie es mit einem bakteriellen Aktivierungsmittel wie Erde oder Dung.

Würmer

Kalte Komposthaufen, die lange liegen bleiben und nicht oft gewendet werden, profitieren von einer Beigabe von Regenwürmern. Viele von diesen Lebewesen arbeiten sich von unten in den Komposthaufen hinein und vermehren sich schnell, wenn Nahrungszufuhr und Temperatur stimmen. Sie können auch noch zusätzlich Würmer in den Haufen einbringen, doch das sollten Sie nur bei einem kalten Komposthaufen tun (der sich nicht über 43 Grad aufheizt) oder wenn Sie nach der Hochtemperaturphase nachträglich Würmer im Komposthaufen wollen. Holen Sie sich die Würmer direkt von einem freien Platz auf Ihrem Grundstück (oder aus nahegelegenen Wäldern oder Äckern), anstatt die speziellen roten Würmer im Laden zu kaufen. Das sind nämlich spezialisierte Würmer, die in Dung oder rohem organischem Material leben müssen. In Gartenerde überleben sie nicht lange, so daß Sie sie beim Aufbringen des fertigen Komposts entweder heraussuchen oder opfern müssen (siehe auch unter „Würmer“ im Kapitel „Die Wirkung von Kompost auf den Boden“).

Zitrusfrüchte

Gärtner, die in der Nähe von Fabriken leben, in denen Orangen- oder Grapefruitprodukte hergestellt werden, sollten die dabei anfallenden Rückstände, die leicht zu kompostieren sind, verwenden, obgleich es getrocknete Zitrusfruchtmasse auch in einigen Futtermittelgeschäften zu kaufen gibt. Der Stickstoffgehalt dieses Materials schwankt je nach Art der Frucht und Dichte der Schale. Je dicker die Schale, desto größer der Stickstoffgehalt.

Orangenschalen enthalten etwa 3 Prozent Phosphorsäure und 27 Prozent Kalium (das wird nur von Bananenschalen mit 50 Prozent Kalium übertroffen). Zitronen enthalten mehr Phosphor, aber weniger Kalium als Orangen. Grapefruits kommen im Schnitt auf 3,6 Prozent Phosphorsäure und einen Kaliumgehalt etwa wie Orangen.

Sie können im Komposthaufen auch ganze ausgesonderte Früchte verwenden, obwohl deren Nährstoffgehalt wegen des Wasseranteils noch niedriger liegt. Zitrusfruchtabfälle zersetzen sich schneller, wenn sie gehäckselt (die als Viehfutter verkaufte Trockenmasse besteht aus Stücken von 50-Pfennig-Größe), und mit Grünmasse und stickstoff- und bakterienhaltigem Material wie Dung, Rasenschnitt und Gartenerde vermischt werden.

Unglücklicherweise werden die Zitruspflanzen von den Anbauern routinemäßig gespritzt. Wenn nicht zu stark gespritzt wurde, sollten sich die Chemikalien aber im Boden oder Komposthaufen zersetzen, ohne Schaden zu verursachen.

Zuckerabfälle

(Siehe auch Melasse, Rübenabfall) Der Abfallstoff, der bei der Zuckerherstellung in den größten Mengen anfällt, ist die Knochenkohle oder Aktivkohle, die zum Filtern verwendet wird. Wenn sie mit Zuckerrückständen gesättigt ist, enthält diese Substanz 2 Prozent Stickstoff, über 30 Prozent Phosphor und unterschiedliche Mengen Kalium. Rohe Zuckerabfälle bringen es auf über 1 Prozent Stickstoff und über 8 Prozent Phosphorsäure.

Stichwortverzeichnis

Natürlicher anbauen - natürlicher leben

DAS GROSSE BUCH VOM BIOLOGISCHEN LAND- + GARTENBAU **Von Voitl/Guggenberger/Willi**
Dieses Werk gibt erstmals eine umfassende Darstellung von Theorie und Praxis des biologischen Land- und Gartenbaus auf naturwissenschaftlicher Grundlage. **368 Seiten, 200 Abb., geb., DM 56,–**

SELBSTVERSORGEN DURCH ZIEGENHALTUNG
Der Ratgeber für Aufzucht, Pflege, Nutzung **Von Ulrich Dymanski**
Das erste ausführliche Buch über das für Selbstversorger wichtigste Haustier: Die Ziege. Alles über Aufzucht und Pflege. **242 Seiten, 14 Farbfotos, 61 schwarz-weiß-Abb., geb., DM 38,–**

DAS GROSSE BUCH DER BIOLOGISCH GESUNDEN ERNÄHRUNG **Von Claude Aubert**
Eine zeitgemäße Ernährungslehre, verfaßt von einem bekannten Experten. Aubert analysiert den Ist-Zustand und empfiehlt ein erreichbares Soll-Ziel. **208 Seiten, zahlr. Tab., Rezepte, geb., DM 32,–**

DAS GROSSE BUCH FÜR SELBSTVERSORGER **Von W.R. von Rhamm**
Die Erhaltung der Boden-Fruchtbarkeit, die Intensivnutzung im Garten, feldmäßiger Anbau, die Vorratswirtschaft, die Viehhaltung u.v.m. **224 Seiten, dav. 32 Bildseiten, 29 Zeichnungen, geb., DM 32,–**

DAS BUCH VOM BIOLOGISCHEN WEINBAU
Rebbau und Weinbereitung mit naturgemäßen Methoden **Von Helmut Snoek**
Alle Einzelheiten über den biologischen Weinbau werden leicht verständlich erörtert. Ein Buch für Winzer und Weinkenner. **192 Seiten, dav. 23 Farb- + 25 schwarz-weiß-Bilder, geb., DM 36,–**

DIE BIENENWEIDE Pflege und Verbesserung. Der Ratgeber für Bienenzüchter **Von Gabriele Probst**
In diesem Buch wird leicht verständlich dargelegt, wie man in Anbetracht der heutigen Nutzungsformen das beste aus der Bienenweide machen kann. **120 Seiten, 20 Farbabb., 49 schwarz-weiß-Abb., geb., DM 28,–**

SELBSTVERSORGEN DURCH SCHAFHALTUNG
Der Ratgeber für Aufzucht, Pflege, Nutzung **Von Heinz Werner**
Ein ideales Nutztier für einen Selbstversorger-Haushalt ist das Schaf, da es am besten den unterschiedlichen Haltebedingungen und Ansprüchen gerecht wird.
144 Seiten, 49 schwarz-weiß-Abb., 35 Zeichnungen, geb., DM 32,–

NAHRUNGSMITTEL ABC Das Nachschlagewerk für gesunde Ernährung **Von Werner Uhlich**
Beschreibung der Vorkommen, Inhaltsstoffe, Nahrungswert, Anwendung, Lagerung sowie Gesundheitswert der Nahrungsmittel. Das umfassende Werk über dieses Thema.
222 Seiten, zahlreiche Tabellen, gebunden, DM 29,-

ORAC **PIETSCH VERLAG** **PIETSCH**
Postfach 1370 · 7 Stuttgart 1